KB091816

인류의 기원

이상희 · 윤신영

난쟁이 인류 호빗에서 네안데르탈인까지
22가지 재미있는 인류 이야기

인류의 기원

사이언스북스
SCIENCE BOOKS

머리말
함께 여행을 떠나요

2001년, 저는 캘리포니아 대학교 리버사이드 캠퍼스 인류학과에서 조교수로서의 새로운 삶을 시작하기 위해 캘리포니아로 왔습니다. 미국에서 10년 가까이 유학 생활을 하는 동안 잦은 이사로 짐이 거의 없었고, 일본에서 박사 후 과정을 끝내고 다시 미국으로 돌아오면서 짐을 한 번 더 줄인 상태였기 때문에 얼마 안 되는 짐을 부치면서 내친 김에 자동차까지도 함께 보낼 참이었습니다. 당시 몰고 다니던 1994년형 닷지 미니밴 '보이저'는 수동으로 창문을 여닫고, 에어컨도 없고, 오디오 시스템이라고는 달랑 라디오 하나 있었지만 그래도 잔 고장 하나 없는 믿음직한 자동차였습니다. 그러나 짐을 모두 보내고 홀가분하게 학교에서 제공해 주는 비행기 편에 몸을 실어 이사를 하려던 계획은 이내 벽에 부딪혔습니다. 지도 교수가 직접 차를 몰고 가 보라고 권한 것입니다. 저는 안 된다고 펄펄 뛰었습니다. 하루라도 빨리 가서 자리를 잡고 싶기도 했지만, 그건 표면적인 이유였고 솔직히 겁이 났습니다. 결국은 미국을 친밀하게 느낄 수 있는 이 소중한 기회는 다시는 오지 않을 거라는 지도 교수의 끈질긴 설득에 두 손을 들고 말았습니다.

한국에서 대학교를 졸업하고 유학 준비를 하면서 감명 깊게 읽었던 존 스타인벡의 『찰리와의 여행(*Travels with Charley*)』을 떠올렸습니다. 스타인벡이 애견 찰리와 함께 미국 전역을 여행하며 미국인이란 누구인가, 미국이란 어떤 나라인가를 고민하며 쓴 이 책은 고인 물처럼 썩어 들어가던 미국의 문제점, 특히 인종 간 문제에 대해 많은 이야기를 하고 있습니다. 미국을 송두리째 뒤흔들었던 1960년대의 사회 운동은 어찌 보면 당연했습니다. 그리고 1990년도에 미국 생활을 시작하려던 제게 큰 영향을 끼쳤습니다. 제가 한국을 떠나온 그때까지만 해도 한국에서는 다민족-다문화에 대한 관심이 드물었습니다. 인종은 막연히 흑인종-백인종 정도로 간단히 생각하던 제게 미국의 역사에서 뿌리 깊은 인종 간 갈등, 그리고 인종의 개념은 매우 생경했습니다. 기왕 이렇게 된 거, 저는 스타인벡이 그랬던 것처럼 머무는 곳마다 사람들을 만나 이야기하고 직접 보고 느껴 보자 생각했습니다. 녹음기도 챙겼습니다.

여행을 떠나기 전 몇 가지 원칙을 세웠습니다. 먼저 가능한 한 고속 도로를 타지 않고 지방 도로를 이용하기로 했습니다. 당시 제겐 휴대 전화기가 없었기에 비상시에 911과 연결되는 전화와 자동차용 충전기를 구입하였습니다. 물 한 박스와 크래커를 준비하고, 간단한 옷가지와 세면용품을 차에 싣고 보니, 마치 제가 좋아하던 텔레비전 시리즈 「스타 트렉: 보이저 편(Star Trek: Voyager)」에 나오는 보이저호를 지휘하는 제인웨이 함장이 된 듯했습니다. "아무도 가 보지 않은 곳을 용감히 가듯(To boldly go where no one has gone before.)", 그렇게 길을 나섰습니다.

지난 1년 동안 방문 교수라는 임시직으로 있던 펜실베이니아의 인디애나 시에서 출발하였습니다. 피츠버그 근교인 이곳은 영화배우 지미 스튜어트의 고향이라는 점 말고는 내세울 만한 게 별로 없는 곳이었습니다. 피츠버그의 철광 산업이 몰락하면서 같이 스러져 가고 있던 중소 도시 중 하나로, 철광에서 일하던 남자들이 일자리를 잃자 여자들이 대학교에서 서비스업에 종사하며 가계를 책임지게 되었습니다. 철광 산업을 대신하여 대형 고용주로 등장한 대학교에 인디애나 시민들은 곱지 않은 시선을 보냈습니다. 1년을 지내는 동안 그곳을 떠날 날만을 손꼽아 기다렸습니다. 제대로 된 학교에서 우수한 학생들을 가르치고 싶었습니다. 새로 옮겨 갈 학교에 큰 기대를 걸고 대륙 횡단 여행에 나섰습니다.

먼저 미시간에 들러 제 지도 교수인 밀포드 월포프(Milford Wolpoff) 교수에게 인사를 드렸습니다. 다지역 연계론(Multiregional origin of modern humans, 혹은 다지역 기원론)을 제창한 분으로 부모님을 떠나 멀리 유학 온 저를 친딸처럼 대해 주시고 격려와 채찍질을 아끼지 않으셨습니다. 월포프 교수와 같은 멘토의 도움이 없었더라면 아마도 문과생으로 고등학교와 인문 대학을 졸업한 제가 문과와 이과를 아우르는 분야인 고인류학을 전공하기란 무척 힘든 일이었을 겁니다.

미시간을 떠나서는 켄터키로 향했습니다. 그곳에는 대학원 시절을 함께 보낸 친구가 있었습니다. 같은 해에 대학원에 입학하여 같은 지도 교수의 학생이 되면서 우리는 처음 만났습니다. 베트남 전쟁 막바

지에 사이공(지금 호찌민)을 탈출한 사람들 사이에 끼어 가족이 미국으로 건너온 그는 같은 아시안계 여학생인 저를 특별히 잘 챙겨 주었습니다. 그가 학계가 아닌 다른 쪽으로 진로를 변경한 후로 소식이 끊겼는데 다시 연락을 하고 보니 큰 회사의 간부이자 두 아이의 엄마가 되어 있었습니다.

학자가 되겠다는 꿈을 안고 대학원에 진학했다가 그 꿈을 접고 학교를 떠난 사람들이 적지 않습니다. 함께 만나면 서로가 '가지 않은 길'을 가고 있다는 생각이 들기도 합니다. '그때 그만 두지 않고 끈질기게 물고 늘어졌더라면 어땠을까?' 혹은 '그때 진작 집어 치우고 다른 길을 모색했더라면……?' 박사 학위 과정에 진학한 다음 계획을 수정하기란 매우 어렵습니다. 크나큰 용기가 필요하죠. 속으로 '사람들이 나를 실패자라고 평가하지 않을까?' 생각하며 주눅이 드는 경우가 많습니다. 그렇다고 계속 학교에 남아 있는 일 역시 쉽지 않습니다. 그러고 보면, 어떤 길도 녹록치 않습니다. 아니, 어떤 길이든 모두가 아름다운 길인지도 모르겠습니다.

여행의 시작은 기세등등했습니다. 그러나 켄터키, 일리노이, 미주리를 거쳐 캔자스의 평지를 달리면서 저는 지쳐 갔습니다. 아침에 아주 잠깐 선선할 뿐 8월 말의 햇살은 곧 숨 막히도록 달아올랐습니다. 냉방 장치가 없으니 창문을 열고 달릴 수밖에 없었고 계속 서쪽으로, 태양을 향해 달리다 보니 왼쪽 팔만 시커매졌습니다. 자외선 차단제도 소용이 없었죠. 지방 도로는 하루 종일 차 한 대 지나갈까 말까 했으며 라디오는 하나같이 컨트리 웨스턴 음악만 들려주었습니다. 창문으로 들어오는 뜨거운 공기를 마시며 뜨듯한 차 안에서 나른한 음악을 듣다 보면 머릿속도 힘없이 녹아내리는 느낌이었습니다. 먼 길을 가는 사람들이 신나는 음악을 찾는 이유를 알 것 같기도 했습니다.

하루 종일 운전을 하다가 해가 떨어지기 시작하면 근처 여관을 찾아 들어갔습니다.

"방 있나요?"

그러면 프런트를 보는 덩치 큰 아주머니가 수상하다는 눈빛으로 물어보곤 했습니다.

"정말 혼자예요?"

힐끗힐끗 제 등 뒤를 훔쳐보는 품새가 마치 혼자인 척 방 하나를 빌려서 가족들을 우르르 잠입시키려는 것은 아닌지 의심하는 모습이었습니다. 저녁을 대충 먹고 텔레비전을 잠깐 보다가 씻고 잠을 청했습니다. 그리고 아침이 되면 여관에서 주는 아침을 먹고 방 값을 계산하고 길을 나섰습니다. 사흘에 한 번 정도는 주유소나 편의점에서 엽서를 사서 친구들과 한국에 계신 부모님께 소식을 간단히 전했습니다. 그리고 다시 해가 질 때까지 계속 달렸습니다.

여관에 들어가고 나올 때 두어 마디 하는 것 외에는 계속 침묵의 시간이었습니다. 휴대 전화는 없고, 공중전화를 찾아 누군가에게 전화를 걸 만한 상황도 아니었습니다. 어디를 가나 덩치 큰 백인이 아닌 사람은 저 혼자였고, 저는 계속 움츠러 들기만 했습니다. 어지간해서는 아무하고도 말을 하지 않게 되었습니다. 경계심 때문이기도 했고, 피곤함과 귀찮음 때문이기도 했습니다.

팬케이크보다도 평평하다는 캔자스를 지나고 나니 콜로라도와 함께 로키 산맥이 모습을 드러냈습니다. 로키 산맥은 질풍노도의 땅입니다. 길이 똑바로 나 있는 법이 없습니다. 들쭉날쭉한 산과 계곡이 계속 이어져서, 정신을 똑바로 차리고 그 어느 때보다 운전에 집중해야 했습니다. 그리고 그 험난한 길을 마차로 넘으려다 실패하고 길 위에서 스러져 간, 수많은 서부 개척민들을 생각했습니다. 그중 가장 유명한 일화는 도너 일행 이야기일 것입니다.

19세기 중반의 5월 어느 날, 미주리 주를 떠나 캘리포니아 주로 이주하던 87명의 개척민들이 있었습니다. 유타 주와 네바다 주를 거치면서 9월에 도착하려던 예정보다 훨씬 늦어진 11월에 시에라네바다 산맥에서 발이 묶이게 되었습니다. 굶주림과 추위에 극도로 지쳤던 그들은 먹을 것이 떨어지자 먼저 죽은 일행의 사체를 먹으면서 연명해야 했습니다. 끝까지 살아남은 40여 명은 이듬해 3월에 구조되었습니다. 도너 일행은 식인 행위, 식인 풍습, 그리고 식인종의 존재와 관련한 이야기에서 빠지지 않습니다.

드디어 캘리포니아 주로 들어가기 전, 주유소 화장실 거울에 제 모습을 비춰 보았습니다. 왼쪽 팔뚝만 새까맣게 탄 것이 마치 트럭 운전사 같았습니다. 기념사진을 남겨야겠다는 생각이 들었습니다. 처음으로 모르는 사람에게 부탁해 사진을 찍었습니다. 대륙 횡단을 하면서 찍은 수많은 사진 중에서 유일하게 내가 나온 사진이 주유소를 배경으로 찍은 것이라는 사실은 지금 생각해도 좀 아쉽습니다.

캘리포니아 주에 들어서서 제일 처음 방문한 곳은 폐광 캘리코

(Calico)였습니다. 캘리코는 은 파동이 났던 1880년대에 500여 개의 은 광을 중심으로 12년간 엄청난 양의 은을 파내면서 전성기를 누렸던 곳입니다. 그리고 1890년대 중반 은 값이 떨어지게 되자 사람들이 모두 떠나가 버리고 유령 도시가 되었습니다. 지금은 기념품 가게들이 자리를 지키고 있는 관광지가 되었습니다.

사실 캘리코는 고인류학사에서 중요한 유적입니다. 아프리카에서 수많은 고인류 화석을 발굴하여 크게 명성을 얻은 루이스 리키(Louis Leakey)는 1960년경에 캘리코를 미 대륙에 살기 시작한 최초의 원주민 유적으로 지목하고 발굴 조사를 이끌었습니다. 리키는 아프리카에서 얻은 성공을 되풀이하고 싶었습니다. 그러나 세간의 큰 주목을 받으며 시작한 발굴 조사는 별 성과 없이 끝나고 실망한 리키는 캘리코에서 손을 떼었습니다. 캘리코에서 간간히 발견된 '석기'들이 인공적으로 만들어진 석기인지 아니면 자연적으로 부서진 돌멩이인지는 아직까지도 분명하게 밝혀지지 않고 있습니다.

펜실베이니아 주에서 출발하여 10개 주를 거쳐 캘리포니아까지 3500마일의 거리를 16일 동안 이동했으니 매일 평균 220마일을 움직인 셈입니다. 목적지에 도착하고 얼마 지나지 않아서 911 테러가 일어났습니다. 이제 미국은 더 이상 낯선 외국인이 허름한 밴을 몰고 시골 동네를 어슬렁거리며 지나가도록 두고 보지 않는 세상이 되어 버렸습니다.

대륙 횡단을 끝내고 이내 새로운 삶에 휩쓸리다 보니 10년이 후딱 지나갔습니다. 소수 민족 여자이기 때문에 교수 자리를 거저 얻었다는 소리를 듣지 않으려고 앞만 보고 달렸습니다. 자리를 잡을 때 덕을 봤을 수는 있겠지만 자리를 지키는 것은 순전히 실력으로 하리라 다짐했습니다.

교수 생활은 참으로 힘들었습니다. 군사부일체(君師父一體) 문화에서 자라난 제게 교수를 친구처럼 여기고, 다른 의견을 내는 것을 당연하게 생각하는 문화는 받아들이기 힘들었습니다. 대학원생일 때 물론 경험을 하기는 했지만 막상 교수가 되어 보니 스스럼없는 학생들의 태도에 적응할 수가 없었습니다. 수업 역시 제가 학창 시절에 배웠던 그대로 했습니다. 제가 귀중한 정보를 전달하면 학생들이 황송해 하면서 스펀지처럼 빨아들일 줄 알았습니다. 그러나 학생들은 그렇게 호락호락하지 않았습니다. 곱지 않은 눈빛으로 팔짱을 끼고 앉아서 고개를 한쪽으로 꼬고 있는 학생들도 많았습니다. 대학교에 속해 있다면 학생이든 교수든 어깨 펴고 돌아다니던 한국에서의 경험에 비하면 매우 다른 정서였습니다.

저는 제게 교수 자질이 없다는 것을, 남을 가르치는 일이 적성에 맞지 않다는 것을 뒤늦게 깨달았습니다. 절망했습니다. 그리고 연구에 전념했습니다. 정년 보장 교수가 되고 조금 주위를 돌아볼 여유가 생겼을 때에 마침 한국에 있는 윤신영 기자와 연락이 닿았습니다. 그리고 인류의 진화에 대한 글을 《과학동아》에 연재하기 시작했습니다. 독자층으로 평소 교양서적에 관심 있는 일반인을 생각했습니다. 인류의 진화에 대한 여러 가지 흥미로운 주제들을 잡아서 글로 쓰면서 정보를 권위주의적이고 일방적인 방식으로 전달하는 것이 얼마나 설득력이 없는지 깨달았습니다.

《과학동아》연재 글을 읽는 독자들에게 얘기하듯이 수업에서도 학생들에게 이야기를 들려주기 시작했습니다. 그러다 보니 신기한 일이 일어났습니다. 제가 자주 가르치는 과목인 '생물 인류학 개론'에 제 스스로가 열정을 느끼게 된 것입니다. 그리고 지금 이 과목은 해가 갈수록 수강 대기자 명단이 길어지는 인기 과목이 되었습니다.

소수 정예의 학생들로 작은 주제를 파고드는 수업 방식을 선호하는 교수들도 있습니다. 저는 이제 대형 강의를 좋아합니다. 수백 명의 학생들 중에는 교양 과목 학점을 채워야 하기 때문에 마지못해 앉아 있는 학생들도 꽤 있습니다. 예전에는 지겨워하는 학생들의 얼굴을 보면 낙담했습니다. 그런데 이제는 그들의 호기심을 자극하고 스스로 더 알아보고 싶은 마음이 들도록 다양한 접근법을 고민하고 시도하는 과정이 좋습니다. 매번 똑같고 뻔한 내용을 강의하면서도 새롭게 느껴지는 이유가 바로 이 때문이 아닐까 합니다. 그리고 결국 억지로 끌려와 수업을 듣던 학생들 중에서 인류학으로 전공을 바꾸는 학생들도 생겨났습니다.

어린 학생들이 쉽게 관심을 가지는 질문들은 일반 어른들도 마찬가지입니다. 어떤 모임에 가든 제가 하는 일은 쉽게 화젯거리로 오르내립니다. 제가 고인류학자라는 것을 알게 된 상당수의 사람들은 "그동안 궁금했는데 마침 잘되었네요."라는 서두와 함께 인류의 진화에 대한 질문을 한두 개씩 합니다. 인류의 진화는 그만큼 많은 사람들이 궁금해 하는 주제일 것입니다. 놀랍지 않습니다. 우리가 어디서 왔는지,

어떻게 이런 모습으로 이 땅 위에서 살아가고 있는지, 누구나가 한 번쯤은 생각해 보는 문제이기 때문입니다. 신문, 잡지에서도 인류 화석의 발견에 대한 기사는 언제나 많은 사람들의 이목을 끕니다.

인류의 진화 역사에 등장하는 수많은 이야기들에서 되풀이되는 것은 "정답은 없다."입니다. 진화에 유익한 형질, 적응에 유리한 형질은 우연의 작품입니다. 우연히 이루어진 환경 변화 속에서 마침 우연히 생겨난 형질이 유익했고, 유익한 형질을 가지고 있는 개체가 더 많은 자손을 남겼을 뿐입니다. 어느 한때 유익하다고 영원히 유익하지 않습니다. 모든 것은 변합니다.

수백만 년 동안 계속되어 온 인류의 진화 역사를 들여다보아도 그렇습니다. 길게 보면 커다란 흐름이 있습니다. 직립 보행이 그렇고, 두뇌 용량의 증가가 그렇고, 문화에 대한 의존이 그렇습니다. 그렇지만 가까이 들여다보면 직선이 아닌, 꼬불꼬불한 발자취를 찾아볼 수 있습니다. 그때 그때 상황에 맞고, 환경에 맞는 선택의 결과입니다. 가장 좋은 선택을 고민하기보다는 그때 적합한 선택을 해서 앞으로 나아갔던 것뿐입니다.

적성 검사를 통해 문과를 갔지만 막상 제가 선택한 전공은 문과와 이과를 아우르는 분야였습니다. 남을 가르치는 직업이 전혀 적성에 맞지 않다고 생각한 적도 있었지만 지금은 적성에 딱 들어맞는다고 생각합니다. 그렇지만 앞으로도 계속 그럴 거라는 보장은 없습니다. 주변 환경도 계속 변하고 제 몸도 마음도 변합니다. 제가 16일 동안 겪은 대륙 횡단에서도 매한가지였습니다. 할 수 있는 일은 그 날 하루 갈 길을 정해서 계속 서쪽으로 차를 몰고 가는 일뿐입니다.

이 책에 실린 22개의 이야기들은 그동안 학생들에게 인류학을 가르치면서 떠오른 단상들, 그리고 오며 가며 제가 직접적이거나 간접적으로 경험한 상황들을 인류의 진화와 연결 지어 좀 더 쉽고 재미있게 풀어 쓴 글들입니다. 많은 경우는 누군가의 구체적인 질문에 답하기 위해 쓰기 시작했지만, 적지 않게는 누군가가 무심결에 한 얘기를 듣고 거기에 대해 고민하고 답을 찾아보고자 쓴 것입니다. 이 책은 정통적인 교과서는 아닙니다. 첫 장부터 차근차근 읽어 나가도 좋고 굳이 순서대로 읽지 않아도 좋습니다. 아무 곳이나 책을 펼쳐서 나오는 데를 읽어도 됩니다. 재미있게 읽고 덮어도 좋고 더 알아보기 위해서 참고 문헌을 찾아봐도 좋습니다. 단지 우리 인류의 기원을 쫓는 이 길고도 흥미로운 여행을 여러분 모두가 저와 함께 신나게 즐겼으면 합니다.

이상희

차례

1장
원시인은 식인종?

앤서니 홉킨스와 조디 포스터가 주연한 영화 「양들의 침묵」에서 앤서니 홉킨스가 맡은 한니발(Hannibal)은 카니발(cannibal, 사람을 먹는 사람)입니다. 제가 극장에서 돈 내고 영화를 보다가 도중에 나온 몇 안 되는 영화 중의 하나입니다. 대강 내용을 알고 마음의 준비를 하고 갔음에도 끔찍한 설정, 끔찍한 분위기에 속이 울렁거리는 것을 참고 견디다 결국 뛰쳐나오고야 말았습니다.

그렇게 비위 약한 제가 잠깐 식인 전문가가 되었던 적이 있습니다. 2007년 봄이었습니다. 저를 찾는 전화가 왔기에 교수답게 목소리를 깔고 위엄 있게 대답해 보니, "할리우드에 있는 《E! News》의 기자 누구누구인데요."(이름은 기억나지 않습니다.) "식인 전문가이신 교수님의 의견을 듣고 싶습니다. 화장한 재를 코로 들이마시는 것도 식인 행위에 속하나요?" "예?" "어제 롤링 스톤스의 기타리스트 키스 리처드(Keith

Richards)가 자신의 아버지를 화장한 재를 코로 들이마셨다고 했습니다. 여기에 대해 전문가의 의견을 듣고 싶어서 구글에 '식인'을 검색했더니 첫 번째로 교수님 이름이 뜨더군요. 이렇게 가까운 곳에 식인 전문가가 계실 줄은 몰랐습니다. 정말 기쁘고 반갑습니다." 제가 식인 전문가로 구글 검색기에 1위로 뜬다는 사실은 놀라웠습니다.

언젠가 식인종과 식인 풍습에 대해 학생들이 많이 궁금해 하기에, 식인 행위에 대해 집중 특강을 두어 번 했던 적이 있습니다. 그런데 그 일이 대학 교육을 다루는 전국 신문인 《대학 교육 연대기(The Chronicle of Higher Education)》에 실렸고, 그 후로는 한동안 사람들이 저를 보면 식인 교수라고 불렀습니다. 끔찍한 범죄 행위인 식인에 관한 신문 기사를 오려서 참고하라고 학내 우편으로 보내는 동료 교수들도 있었습니다. 마침 그 당시에는 독일에서 식인 행위로 법정에 섰던 사람이 화제였습니다. 그는 신문에 광고를 내고 자신에게 먹힐 사람들을 구했는데 그 광고를 보고 찾아온 사람과 계약을 하고 죽여서 먹었던 것입니다. 이 사건에 대한 신문 기사와 사진을 학내 우편으로 받아 보는 것도 끔찍했습니다.

기자임을 사칭한 장난 전화라는 의심도 들었지만 속는 셈 치고 그의 질문에 대해 '전문가의 의견'을 내놓았습니다. '식인'을 무엇이라고 정의하느냐에 달렸지만, 조상의 재를 마시는 행위는 지금도 아마존의 야노마모(Yanomamo) 족에서 시행하는 엄숙한 풍습입니다. 인류학자들은 이를 두고 식인 행위로 구분하고 있고요. 그렇지만 키스 리처드가 그와 같은 엄숙함으로 아버지 재를 마셨는지는 알 수 없습니다. 이

내용은 그대로 인터넷과 종이 신문 여기저기에 떴는데, 전설적인 기타 리스트와 제 이름이 신문 기사에 나란히 등장하는 것을 보고 감격한 친구에게 전화를 받기도 했습니다.

그런데 식인종은 과연 존재할까요? 인류는 먹지 못하는 게 없다고 할 정도로 다양한 식습관과 식문화를 지녔습니다. 그렇다면 자연스럽게 동족, 그러니까 다른 사람들을 일상적으로 먹는 집단도 어딘가에는 존재한다고 생각할 수 있습니다. 영화에는 정글 속에서 길을 잃고 헤매다가 식인종에게 잡혀서 끓여 먹히거나 구워 먹히기 직전에 아슬아슬하게 도망쳐 나오는 장면이 많습니다. "누가 식인종이냐?" 하고 물어보면, 사람들은 십중팔구 정글 등 오지에 살고 있는 원주민이라고 대답합니다. 자신이 속한 문화권에서는 그런 일이 존재하지 않지만, 세상 어딘가 우리와 다르고 문화적으로 열등하다고 생각하는 곳, 우리의 시선이 닿지 않는 오지에서는 식인이라는 충격적인 일이 아무렇지도 않게 존재할 가능성도 있다고 생각합니다.

이들이 정말 식인종인지 여부는 잠시 뒤에 살펴보기로 하겠습니다. 그보다 먼저, 일부 인류학자들이 이 목록에 추가한 또 하나의 식인종 의심 사례를 짚고 넘어가야 합니다. 현생 인류(호모 사피엔스, *Homo Sapiens*)의 식인종 사례 연구에 큰 영향을 미친 주제입니다. 특이하게도 이들은 지리적으로 동떨어진 오지에 사는 인류가 아닙니다. 시간적으로 떨어진 존재라고 할까요. 바로 지금은 사라진, 현생 인류의 가장 가까운 친척 인류 네안데르탈인(Neanderthals)입니다.

우리에게 식인종 친척이 있다?

유럽 크로아티아의 크라피나(Krapina) 유적은 20세기 초에 발굴된 동굴 유적입니다. 수십 명의 네안데르탈인 화석이 발견된 것으로 유명합니다. 특히 젊은 여성과 아이들이 많았는데, 흥미로운 특징이 있었습니다. 부서진 조각들이 많았고, 두개골이나 얼굴 부위가 적었다는 점입니다. 그리고 뼈 곳곳에 칼자국이 나 있었습니다. 이게 무슨 뜻일까요?

인류학자들은 이것을 식인 풍습의 흔적이라고 해석했습니다. 당시 사람들은 네안데르탈인이 우락부락하고 공격적이라고 생각했습니다. 이 글을 읽는 분 중에도, 우리 현생 인류 이전에 살았던 대부분의 조상 또는 친척 인류가 이런 모습일 거라고 생각하는 분이 많을 것입니다. 털이 무성하고 완벽한 직립이 안 되고 구부정하게 서 있으며 성질은 포악할 거라고요. 마치 고릴라 등 정글의 유인원을 닮았다는 거죠. 이에 대해서는 앞으로 이 책을 읽는 내내 여러 번 다룰 기회가 있을 것입니다. 아무튼, 이런 생각과 화석의 특이한 흔적이라는 '물증' 때문에, 네안데르탈인이 식인종이라는 생각은 20세기 전반에 걸쳐 널리 퍼졌습니다.

하지만 20세기 후반으로 오면서 상황이 반전되기 시작했습니다. 조금씩 '식인종이 아니다.'라는 의견이 나오기 시작했습니다. 네안데르탈인에 대해서도 마찬가지였습니다. 그러던 중 기발한 연구가 나왔습니다. 미국 케이스 웨스턴 리저브 대학교 인류학과의 매리 러셀(Mary

Russell) 교수는 1980년대에, 크라피나의 네안데르탈인에게 정말 식인 풍습이 있었는지를 밝히기 위해 다른 학자들이 생각하지 못한 새로운 아이디어를 떠올렸습니다.

러셀 교수는 이런 가정을 했습니다. 만약 네안데르탈인이 서로 잡아먹었다고 해 봅시다. 화석에서 보이는 칼자국은 짐승을 도축(잡아먹기 위하여 칼로 손질하는 일)한 흔적과 비슷해야 합니다. 하지만 식인이 아니라면 어떨까요? 이를테면 2차장(시신을 처음 매장한 다음 일정 기간이 지난 뒤 뼈를 깨끗이 손질해 다시 묻는 일. 한국에서도 이뤄지고 있었습니다.)을 했을 가능성이 있습니다. 이 경우, 칼자국은 장례를 위해 뼈를 세심히 손질한 자국입니다. 먹기 위해서인지 장례를 치르기 위해서인지는 인골에 칼자국이 나 있다는 점에서는 같지만 본질적으로는 매우 다른 문화적 행위입니다.

러셀 교수는 이 사실을 확인해 보기 위해 각기 도축과 장례를 한 것으로 밝혀진 현생 인류의 고고학 유적지에서 뼈에 남은 칼자국을 수집했습니다. 먼저 후기 구석기인들이 큰 짐승을 잡아먹은 유적에서 나온 짐승 뼈의 칼자국을 모았습니다. 또 미국 인디언들의 골당(2차장을 치른 인골들을 모셔 두는 곳)에서 발견된 인골의 칼자국을 모았습니다. 그런 뒤 이 자국을 크라피나 화석의 칼자국과 비교했습니다.

결과는 어땠을까요? 크라피나 뼈 화석의 칼자국은 도축과는 달랐고, 장례의 칼자국과 닮았습니다. 특히 칼자국이 주로 뼈의 '끝 부분'에 있다는 점이 그랬습니다. 이것은 장례를 치른 미국 인디언들의 칼자국과 아주 비슷한 특징이었습니다. 2차장의 과정을 생각해 보면 이해가 갑니다. 보통 2차장을 할 때는 이미 시신이 많이 부패한 뒤입니다. 그래서 뼈를 깨끗하게 하는 끝마무리 작업을 하게 되는데, 이때 칼을 씁니다. 뼈의 중간보다는 주로 끝 부분을 많이 손질하게 되고, 따라서 칼자국도 뼈 끝 부분에 주로 남지요.

반면 도축을 한 칼자국을 보면, 칼자국이 뼈의 중간에 주로 있습니다. 근육인 살코기를 저며 내기 위해서는 뼈와 살이 붙은 부분에 칼을 대야 하기 때문입니다. 이 사실은 무엇을 의미할까요? 크라피나의 네안데르탈인 화석에 남은 칼자국은 식인을 위해서가 아니라, 장례를 위한 칼자국이었습니다. 네안데르탈인이 식인 풍습을 가졌다는 증거가 아니었습니다.

'식인종'은 착각?

러셀 교수가 이 논문을 발표한 1980년대에는 인류학계에 '식인종은 없다.'는 생각이 다른 방향에서도 서서히 확산되고 있었습니다. 식인종이 존재한다는 생각은 그저 착각 또는 오해 때문에 일어난 일이라는 것이지요. 실제로 식인종이라는 영어 단어(cannibal)는 15세기에 아메리카 대륙의 서인도 지역에 도착한 크리스토퍼 콜럼버스(Christopher Columbus)의 착각에서 생겨났습니다. 콜럼버스는 당시 도착한 땅이 인도라고 믿고(그래서 그 지역을 '서인도(West Indies)'라고 이름 붙였죠.), 그곳의 원주민들은 몽골인 칸(Khan)의 후예라고 오해했습니다. 그래서 '카니바스(canibas)'라고 일컬었습니다. 그리고는 본국에 "카니바스는 사람을 잡아먹는 사람들"이라고 보고했습니다.

신화나 전설에만 나오는 식인종이 이 세상 한 구석에 실제로 살고 있다는 이야기는 유럽인들의 상상력을 사로잡기에 충분했습니다. 이야기는 금세 유럽 전체로 퍼졌고, 카니바스 족은 식인종(카니발, cannibal)의 보통 명사가 됐습니다. 그 후 유럽의 식민지 쟁탈전이 전개되면서 식민 세력의 선두로 파견된 선교사들과 인류학자들은 가는 곳마다 식인종의 이야기를 수집하고 기록해 논문과 책, 잡지 기사로 출판했습니다. 식인 풍습은 곧 미개인에게 대표적인 '스펙'이 되었지요.

그런데 20세기 후반이 되자 이야기가 달라졌습니다. 기록과 책을 꼼꼼히 살펴보니, 식인종과 관련한 내용은 전혀 사실무근인 경우가 대부분이었습니다. 수많은 기록이 그저 '소문'에 불과했던 것이지요. 미국 스토니브룩 대학교 인류학과의 윌리엄 아렌스(William Arens) 교수는 수많은 기록을 꼼꼼히 살펴보고 그 이유를 밝혀냈습니다. 식인종에 대한 이야기의 출처가 거의 대부분 이웃 경쟁 부족원의 증언이었습니다. "우리는 그런 짓을 하지 않지만, 숲 저쪽에 사는 놈들은 무지막지한 식인종들이다. 나도 잡아먹힐 뻔했는데, 용감히 빠져나왔다."는 식의 무용담이 식인종에 대한 정보의 근원이었습니다. 식인종에 대해 기록한 사람 중 누구도 자신이 직접 봤다고 기록한 경우는 없었습니다. 콜럼버스에게 카니바스가 식인종이라는 정보를 전해 준 것도 바로 이웃 부족인 아라와크(Arawak) 족이었습니다.

이웃 부족의 이와 같은 증언은 식인종에 대한 인류학적 근거가 없다는 사실을 알려 줍니다. 그리고 또 하나의 중요한 사실을 깨닫게 해 줍니다. 식인 행위는, 많은 유럽인들이 20세기 전반에 갖던 편견과 달리, 열대 우림(정글)의 부족들에게도 똑같이 끔찍한 행위로 인식된다는 사실입니다. 식인 행위를 밥 먹듯이 하는 인류 집단은 존재하지 않습니다. 앞서 크라피나의 네안데르탈인이 식인종이 아니었다는 결론과 함께, 이제 식인을 일상적으로 행하는 인류 이야기는 사그라들었습니다.

그렇다면 식인종은 인류 역사상 전혀 존재한 적이 없다고 결론지어도 될까요? 그렇지 않습니다. 실제로 식인 풍습을 지닌 종족이 발견됐거든요. 파푸아 뉴기니에 살고 있는 포레(Fore) 족입니다. 포레 족은 1940년대까지는 외부에 거의 알려지지 않았지만, 파푸아 뉴기니를 지배하던 오스트레일리아에서 공무원을 파견해 인구 조사를 하면서 서서히 알려졌습니다. 1950년대에는 경비소 및 도로가 근처에 설치됐고, 인류학자들과 선교사들이 들어오게 되면서 포레 족의 전통 사회는 현대적인 시장 경제 속으로 들어오게 되었습니다.

외부에 '식인 풍습'이라고 알려진 것은 포레 족의 독특한 장례 절차였습니다. 이들은 사람이 죽으면 그 사람의 모계 친족 여성들이 시신을 다듬습니다. 그런데 그 과정이 여느 인류 집단에서는 볼 수 없을 만큼 특이했습니다. 조금 엽기적일 수 있지만, 설명해 보겠습니다. 먼저 시신의 손과 발을 자르고 팔과 다리의 살을 저며 냅니다. 그 다음에는 뇌를 꺼내고 배를 갈라서 장기를 들어냅니다. 그런 뒤, 이렇게 저며 낸 살은 남자들이, 뇌와 장기는 여자들이 먹습니다. 여자들이 손질하는 중에 옆에서 구경하는 아이들도 먹습니다.

포레 족은 지금은 더 이상 이런 장례를 치르지 않습니다. 하지만 과거에는 널리 행해졌던 장례였지요. 도대체 이들은 왜 이렇게 끔찍한 장례를 치렀을까요? 바로, 죽은 사람을 먹으면 그 사람이 살아 있는 사람의 일부가 돼 동네에 계속 살게 된다고 믿었기 때문입니다. 황당하게 느껴질 수 있지만, 사실 이러한 믿음은 그리 낯설거나 특이한 게 아닙니다. 일부 다른 문화권에서도 볼 수 있기 때문입니다. 아마존의 야노마모 족은 사람이 죽으면 그 사람을 화장한 뒤 재를 죽에 섞어 친척이자 이웃인 마을 사람들끼리 나눠 먹습니다. 비유이긴 하지만, 기독교 성찬식에서는 예수가 빵을 뜯어서 자신의 몸이라고 믿고 먹으라 하고, 포도주를 따라서 자신의 피라고 믿고 마시라 권합니다. 이들이 전하는 메시지는 하나입니다. '그렇게 함으로써 나를 기억하라.'는 것입니다. 포레 족의 식인 풍습에서 겉으로 나타나는 끔찍한 모습을 걷어내면, 그 안에는 지극히 보편적인 인간의 사랑이 있습니다.

물론 모든 식인 풍습이 이렇게 애틋하지는 않습니다. 증오에서 유발되는 식인 풍습도 있습니다. 전쟁이나 복수전에서 잡아 온 상대를 죽인 다음 심장, 피 등 상징적인 부분을 먹는 행위입니다. 증오의 상대를 '먹어 없애 버리는' 행위인데, 이 역시 역사적인 기록으로만 남아 있을 뿐 근현대에 직접 보고된 예는 없습니다.

애틋한 마음에서건 증오의 마음에서건 한 가지 사실을 잊어서는 안 됩니다. 인간이 다른 인간을 먹는 행위는 식생활의 일환이 아니라는 사실입니다. 어떤 집단도 식생활의 한 방편으로 인육을 섭취한 사례는 없습니다. 위에 열거한 드문 사례들도 모두 의례적 상징 행위거나 문화적 관습에서 벌인 일일 뿐입니다. 사랑이든 증오든, 어떻게 보면 지극히 인간적인 열정이 의례의 형식으로 표출됐다고 볼 수 있습니다.

식인 행위는 있어도 식인종은 없다

다시 고인류학 이야기로 돌아와 볼까요. 고고학자와 고인류학자들은 러셀 교수의 기발한 방법을 이용해, 뼈에 남은 칼자국으로 과거 식인 행위의 흔적을 찾으려 했습니다. 그 결과 몇 가지 성과가 나타났습니다. 1999년 프랑스의 물라-게르시(Moula-Guercy)의 네안데르탈인 유적에서 식인의 흔적으로 보이는 칼자국이 나왔습니다. 스페인의 아타푸에르카(Atapuerca) 유적의 중기 플라이스토세(Pleistocene, 중기 플라이스토세는 약 78만~12만 년 전) 인류 화석에서도 역시 식인을 연상시키는 칼자국이 발견됐습니다. 이들은 네안데르탈인보다 오래전에 살았던 인류의 화석이었습니다.

미국의 인디언(아메리칸 인디언) 유적에서 발견된 인골에 대해서도 비슷한 흔적이 나왔습니다. 이 흔적이 식인의 흔적이냐를 놓고는 격렬한 논쟁이 붙기도 했습니다. 토착민이었던 인디언의 조상들이 식인종이었는지의 논란은 아메리카 대륙을 토착민에게서 빼앗아 정복했던 유럽계 백인과의 정치적 갈등까지 개입되어서 지극히 감정적인 양상으로 전개되었습니다. 하지만 2001년 결정적인 단서가 나오면서 논란은 어느 정도 가라앉았습니다. 미국 남서부 콜로라도(Colorado)의 고(古)인디언(Paleoindian) 유적인 아나사지(Anasazi)에서 출토된 인간의 똥 화석에서, 인간 살 조직의 단백질이 발견된 것입니다. 적어도 이 유적에서는 식인 행위가 있었다는 사실이 '직접적인 증거'를 통해 판명됐습니다.

하지만 주의할 게 있습니다. 식인 '행위'가 존재했다는 사실이 곧 식인종이 존재했다는 사실을 증명하는 것은 아니라는 사실입니다. 앞서 소개한 포레 족에서처럼, 인류 역사에 식인 행위는 분명 있었습니다. 보다 오래전으로 돌아가 봐도, 프랑스, 스페인, 그리고 고인디언 유적의 사례에서 알 수 있듯이 존재했습니다. 심지어 현대 사회에서도 식인이 용납되는 경우가 있습니다. 안데스 산맥에서 비행기 추락 사고를 겪고 살아남은 사람들이 한 예지요. 이들은 생존을 위해 죽은 동료의 시신을 먹었습니다. 미국에서 서부 개척을 위해 이주하다 길을 잃고, 결국 식인으로 연명하다가 겨우 일부만 살아남은 사람들도 있었습니다. 그런데 극한 상황에 몰려 예외적인 행위를 한 이들을 식인종이라고 부를 수 있을까요? 만약 2010년에 남미 칠레에서 무너진 탄광 속에 갇혔던 광부들이 극한 상황에서 비슷한 일을 했다고 해도, 도덕적인 잣대로 이들을 '식인종'이라 부르며 심판할 수는 없을 것입니다.

마찬가지로, 오래전 인류의 화석은 우리에게 상상력을 좀 더 발휘해 볼 것을 요청합니다. 이들은 죽은 사람을 기리기 위해 인육을 먹었을까요? 혹시 원수를 갚으려고 신체 일부를 삼킨 건 아니었을까요? 혹은 플라이스토세라는, 척박한 빙하기의 극한 환경에서 살아남기 위해 어쩔 수 없이 최후의 선택을 했을까요?

우리는 인류의 과거에 대해 고고학과 고인류학이 말해 주는 내용 이상의 결론을 내릴 수는 없습니다. 식인 풍습은 있었습니다. 하지만 그렇다고 그들을 식인종이라고 부를 수는 없습니다.

포레 족의 기묘한 질병, 쿠루

포레 족의 식인 습관이 널리 알려진 것은 기묘한 질병 때문이었습니다. 1950년 대에 포레 족에서는 이상한 질병이 돌았습니다. 오스트레일리아에서 파견된 조사단은 "병에 걸린 여자 환자는 몸이 극도로 쇠약해지고 일어설 수도 없게 된 다. 집안에 누워서 음식을 조금밖에 먹을 수 없으며 온몸이 심하게 떨린다. 결국 사망한다."고 보고했습니다. 이 병은 몸이 심하게 떨리기 때문에 '떨린다'는 뜻 의 '쿠루(kuru)'라는 이름이 붙었습니다. 환자들에게서 나타나는 발작적인 웃 음 때문에 '웃는 병'이라고도 했습니다.

쿠루는 잠복기가 매우 깁니다. 보통 5년에서 20년까지 잠복해 있으며, 길게 는 40년까지도 잠복할 수 있습니다. 2005년에 사망한 환자는 1960년대에 전 염돼 사망에 이른 경우였습니다. 잠복기는 길지만, 일단 발병하고 나면 금세 사 망에 이릅니다. 병 증상이 나타나기 시작하면 3개월에서 2년 정도 생존하는 데, 그 기간 동안 몸의 근육이 풀어지고 거동이 불가능해지며 언어와 배변 기능 이 멈추고 아무것도 삼키지 못하게 됩니다. 그리고 결정적으로 폐렴이나 욕창 등에 걸려 감염으로 사망합니다.

끔찍한 질병인 쿠루는 당시 서양 학자들에게는 낯설고도 이상한 질병이었습 니다. 원인을 알 수 없었으니까요. 미국 국립 보건원 바이러스 신경 연구소의 전

소장인 대니얼 가이듀섹(Daniel Gajdusek) 박사에게도 그랬습니다. 그는 오지 원주민들에게서 나타나는 질병을 연구하던 중 쿠루를 알게 됐습니다. 그런데 그는 쿠루를 보고한 문서를 검토하다 "포레 족은 식인종"이라고 돼 있는 부분을 발견했습니다. 그래서 쿠루와 식인 풍습 사이에 어떤 연관이 있지 않을까 의심하기 시작했습니다. 가이듀섹 박사는 특히 쿠루에 주로 걸리는 여자와 아이들이 죽은 사람의 뇌를 먹었다는 사실에 주목했습니다.

가이듀섹 박사는 이들이 먹는 부위에 쿠루를 퍼뜨리는 원인이 있을 거라 생각했습니다. 그래서 쿠루로 사망한 환자의 뇌 조직을 침팬지에게 이식했더니 2년 뒤에 침팬지에게서 쿠루와 똑같은 증세가 나타났습니다. 그는 이후 쿠루의 원인이 되는 병원체는 '프리온(prion)'이라고 불리는 뇌 속에 있는 단백질이며, 특이하게도 먹어서 전염된다는 사실을 밝혀냈습니다. 프리온은 유전자가 아닌 단백질 상태로 유전이 되는 병원체로, 의학계에서 존재할지도 모른다고 의심은 했지만 실제로 발견한 적은 없는 상태였습니다. 쿠루 연구를 통해 그 실체가 처음으로 밝혀진 것입니다.

암 세포는 세포 분열을 통해 새로운 암 세포를 만들어 내지만, 프리온은 주변에 있는 세포를 변성시킵니다. 이후 인간 광우병 등 프리온에 의한 질병이 여럿 발견되면서, 의학사에 한 획을 긋는 획기적인 연구로 인정받게 됐습니다. 가이듀섹 박사는 최초로 프리온을 발견한 공로로 1976년 노벨 생리 의학상을 받았습니다.

사실 쿠루는 포레 족에게 간혹 나타나는 풍토병이었으며, 수많은 사람들에게 전염되었던 경우는 드물었습니다. 포레 족은 병환으로 죽은 사람은 먹지 않았기 때문에 식인 풍습으로 병이 전염되는 경우는 거의 없었습니다. 그러나 쿠루만은 예외였습니다. 몸의 병이 아니라 정신의 병이라고 생각했기 때문에 포레 족은 쿠루로 죽은 사람을 먹었습니다. 1950년대 말과 1960년대 초에는 쿠루로 1000명 이상이 죽는 사건이 일어났습니다(앞서 소개한 2005년 사망 환자가 이때 감염됐던 마지막 희생자입니다.). 현재 이 사건은 당시 쿠루로 죽은 단 한 사람의 장례 절차에서 퍼졌다는 해석이 정설입니다. 쿠루는 시신의 뇌를 먹는 일뿐만 아니라 몸에 난 상처 등을 통해서도 전염됩니다. 죽은 사람을 손질하는 일을 맡은 여자들이 상처 난 손으로 일을 계속하는 바람에 아마도 상처를 통해 전염되었을 것입니다.

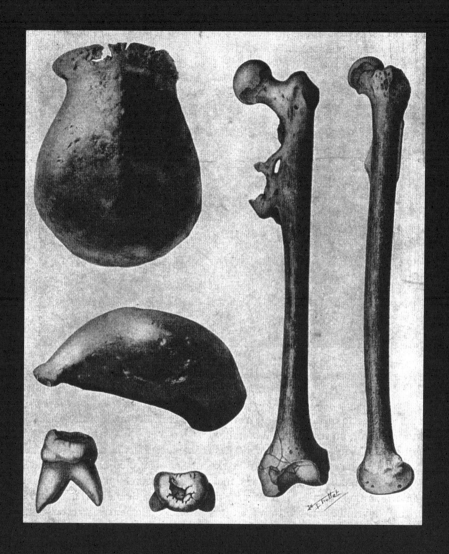

1891년 인도네시아 자바 섬에서 발견된 '자바인', 호모 에렉투스의 화석 그림

2장
짝짓기가 낳은 '아버지'

"원숭이 엉덩이는 빨개, 빨가면 사과, 사과는 맛있어, 맛있는 건 바나나……." 어릴 적에 친구들과 즐겨 부르던 노래입니다. 그러나 동물원에 가서 원숭이 엉덩이를 들여다보면 앉은 자리가 불그스름하긴 하지만 빨갛지는 않습니다. 어떻게 된 일일까요? 노래 가사가 거짓은 아닙니다. 원숭이 중에서도 암컷만, 그리고 특별한 때에만 엉덩이가 빨갛습니다. 유인원인 침팬지도 마찬가지입니다. 엉덩이가 빨갛게 될 때는 암컷이 가임기에 있다는 신호입니다. 대개, 암컷들은 제한된 가임기 동안에만 수컷의 접근을 허용하며, 이 기간에만 교미를 합니다. 암컷들은 가임기라는 사실을 광고하여 항상 기회를 찾고 있는 수컷들에게 최대의 경쟁을 부추깁니다. 가임기를 최대한 활용하여 가장 좋은 유전자를 확보하기 위해서입니다. 그렇게 해서 낳은 새끼는 암컷이 정성 들여서 키우게 됩니다. 어떻게 보면 유인원에게 '어머니'는 있지만

'아버지'는 없는 셈입니다.

이게 무슨 말일까요? 유성 생식(남녀, 혹은 암수 성 구분이 있는 번식)을 하는 동물 치고 아버지 없는 동물은 없는데 말이죠. 하지만 유인원, 그러니까 인간을 제외한 다른 영장류에게는 '키워 주는 어버이'라는 의미의 아버지가 없습니다.

고릴라와 침팬지의 서로 다른 짝짓기 패턴

자연은 귀한 에너지를 낭비하지 않습니다. 짝짓기를 하고 새끼를 갖는 일도 마찬가지입니다. 수컷의 재생산 능력은 (적어도 이론상으로) 무한합니다. 정자의 수도 많고, 암컷이 임신하고 있어도 또 다른 암컷을 통해 임신할 수 있습니다. 수컷의 삶의 목표는 정자를 가능한 한 많은 암컷에 전달하는 것입니다. 많은 수의 암컷에게 정자를 전달하면, 그만큼 많은 수의 새끼가 생기기 때문입니다.

그에 비해 암컷은 재생산 능력이 떨어집니다. 난자의 수도 적고, 임신-출산-수유 기간 동안 추가로 임신할 수 없습니다. 그러니 암컷은 매번 임신 기회마다 가장 좋은 정자를 선택해야 합니다. 수컷이 양으로 승부한다면, 암컷은 질로 승부하는 셈이지요. 이렇게 암컷과 수컷의 짝짓기는 서로 다른 이해관계에 있기 때문에 둘은 서로 정반대의 접근 방식을 써야 합니다. 같이 살아가는 남녀가 사실은 전혀 다른 유전자 전달 메커니즘을 쓴다는 것이 어쩌면 모순처럼 들릴 수도 있지만요.

　수컷이 많은 새끼를 만들기 위해서 치르는 경쟁은 암컷이 새끼 키우기에 들이는 공, 그리고 가임기 암컷 한 마리당 수컷의 수에 따라 서로 다른 양상을 보이며 벌어집니다. 일반적으로 암컷이 새끼 키우기에 공을 많이 들이면 들일수록 수컷은 새끼 키우기에 참여할 필요가 없어집니다. 반대로 암컷이 새끼 키우기에 공을 덜 들이면 그만큼의 몫이 수컷에게 돌아오므로, 수컷은 상대적으로 새끼 만들기에 공을 덜 들이고 그렇게 해서 남긴 에너지로 새끼 키우기에 힘을 쏟습니다.

　만약 모든 암컷이 같은 시기에 가임기를 맞이한다면 어떨까요? 수컷은 새끼를 낳을 가능성이 없는 다른 시기에 굳이 암컷에게 시간과 에너지를 쏟을 필요가 없겠죠. 모든 암컷이 새끼를 낳을 수 있는 가임기 기간에만 암컷에 접근하는 전략을 택할 것입니다. 365일 암컷을 지키고 있을 필요가 없으니 경제적입니다.

　하지만 이 경우, 모든 수컷이 비슷한 시기에 암컷들에게 몰리는 사태가 벌어지게 됩니다. 더 많은 새끼를 낳고 싶은 수컷 입장에서는 어떤 일이 벌어질까요? 암컷을 차지하기 위한 경쟁에서 이겨야 합니다. 그러자면 가임기에 수컷끼리의 경쟁으로 귀한 시간을 낭비해야만 하는 걸까요? 이를 막기 위해 수컷들은 평소에 치열한 서열 다툼으로 서열을 정해 놓고, 가임기가 되면 서열에서 우위를 점한 녀석만 암컷에 접근하는 전략을 개발했습니다. 이 경우 경쟁에서 떨어진 다른 수컷이 암컷에게 접근하기란 쉬운 일이 아닙니다. 이미 서열이 정해져 있기 때문에 강한 수컷이 위협만으로 쉽게 통제할 수 있지요. 따라서 암컷이 가임기를 맞이한 귀한 시기에, 강한 수컷들은 여유롭게 짝짓기에만 몰두할 수 있습니다. 물론 이런 통제는 수컷 한 마리의 힘만으로는 역부족이기 때문에, 이 전략을 택하는 동물은 흔히 여러 마리의 강한 수컷이 연합을 이룹니다. 이 전략은 서열이 높은 수컷에게는 분명 유리한 전략입니다. 하지만 그 외의 수컷에게는 그리 달갑지는 않은 전략일 수 있어요. 영영 짝짓기 가능성이 사라진다는 뜻이니까요. 암컷은 어떨까요? 사실 이 전략의 진정한 승리자는 암컷일지도 모릅니다. 수컷들이 자기들끼리 알아서 경쟁을 한 뒤, 이미 우수함이 입증된 수컷만 접근하기 때문에 선별의 고통이 줄어들 테니까요. 암컷은 속으로 쾌재를 부르고 있을지도 모릅니다.

이런 동물에게 서열 경쟁에서 우위를 지키게 하는 특징은 두 가지입니다. 몸집과 송곳니입니다. 수컷에게는 이 두 가지가 최대한 크고 강할수록 유리하겠죠. 유인원 가운데에서 이런 특성을 보이는 종이 있을까요? 바로 고릴라가 그렇습니다. 고릴라는 암수 사이에 몸집, 두개골, 송곳니 크기가 대단히 큰 차이를 보입니다. 암수 사이의 크기 차이는 수컷끼리의 경쟁을 알려 줍니다. 암컷에 비해 수컷의 몸집이 크면 클수록 수컷끼리의 경쟁이 매우 치열했음을 나타내지요. 실제로 고릴라는 짝짓기를 할 때는 수컷이 미리 힘 대결을 펼쳐 서열을 정해 두고, 가임기가 되면 높은 서열을 지닌 수컷만 암컷에 접근하는 모습을 보입니다.

한편 고릴라와 반대에 서 있는 유인원도 있습니다. 침팬지입니다. 침팬지의 암컷은 모두 서로 다른 시기에 가임기를 맞습니다. 365일 내내 임신 가능한 암컷이 존재한다는 뜻입니다. 수컷 침팬지에게는 대단히 고민스러운 상황입니다. 아무리 힘이 센 수컷이라도, 1년 내내 암컷을 감시하며 다른 수컷들이 오지 못하게 하는 것은 너무 힘든 일이거든요(고릴라는 가임기에만 반짝 지키면 됩니다.). 암컷 입장에서도 시름이 깊습니다. 고릴라 암컷처럼 편하게 앉아 기다리면 검증된 강한 수컷이 다가오는 상황이 아니거든요.

그래서 암컷 침팬지는 고릴라와 전혀 다른 전략을 개발했습니다. 가능한 많은 수컷과 짝짓기를 하는 방법입니다. 물론 수컷 역시 최대한 많은 암컷과 짝짓기를 합니다. 실제로 다수가 무리를 이뤄 사는 침팬지 수컷은 서열 다툼을 별로 벌이지 않기 때문에 따로 강한 수컷이 존재하지 않고, 누구나 가임기 암컷에게 접근할 수 있습니다.

이렇게 해서 침팬지 무리에서는 교미가 1년 내내 벌어집니다. 그럼 다른 수컷을 물리치고 자신의 새끼를 남기고 싶은 수컷은 도대체 무엇으로 경쟁을 할까요? 바로 정자입니다. 수컷은 최대한 많은 정자를 내보내 다른 수컷의 정자와 경쟁시킵니다. 이 경우, 우위를 점할 수 있는 비결은 최대한 많은 정자를 만드는 일입니다. 커다란 몸집은 필요 없습니다. 오로지 고환만 크면 됩니다. 그래서 침팬지는 몸집이나 두개골 크기는 암수가 별로 차이 나지 않지만(송곳니만은 차이가 크게 납니다.), 유인원 가운데 몸집에 비해 가장 거대한 고환을 갖고 있습니다.

아버지가 분명한 인간의 짝짓기 전략

일단 짝짓기가 끝나고 새끼가 생기고 나면, 암컷 침팬지의 몸속에서 어떤 수컷의 정자가 선택됐는지는 전혀 알 수 없습니다. 따라서 아버지를 알 수 없습니다. 그럼 고릴라는 아버지를 분명히 알 수 있을까요? 그렇지도 않습니다. 서열이 높다고 해서 꼭 자손 번식에 성공하는 것은 아니기 때문입니다. 더구나 가장 낮은 서열의 수컷들은 오히려 중간급 수컷보다 암컷에게 접근하기가 쉬워 자손 번식에 유리하다는 분석도 있습니다. 중간 서열의 고릴라는 높은 서열의 고릴라에게 직접 스트레스를 받지만, 아예 '눈 밖에 난' 낮은 서열의 고릴라는 방치되는 경우가 종종 있거든요. 그래서 중상위급의 수컷들이 서열 싸움에 열중하는 동안, 싸움에 끼지 않은 낮은 서열의 고릴라들은 암컷과 어울려 놀면서 환심을 삽니다.[1] 결국 고릴라도 침팬지도 둘 다 진짜 아버지를 알 수 없기는 마찬가지라는 뜻입니다.

침팬지와 고릴라 가운데 어떤 짝짓기 방식도 수컷에게 "암컷이 낳은 자식이 내 유전자를 물려받은 내 자식이다."라는 보장을 못합니다. 이 경우 유인원 수컷이 취할 전략은, 일단 태어난 새끼에게는 더 이상 정성을 들이지 않고 오직 많은 새끼를 만드는 일에만 '올인'하는 것입니다. 짝짓기에만 열중하고 육아에는 에너지를 쓰지 않는 방식이죠.

---

1) 심지어는 실제로는 생식 기능을 다 갖춘 어른이 되었지만 2차 성징이 나타나지 않아 청소년기 수컷처럼 보임으로써 암컷들의 경계를 낮추고 교미에 성공하는 경우도 있습니다.

그래서 유인원의 세계에는 '키워 주는 아버지'는 존재하지 않습니다. 이게 바로 "침팬지에게는 아버지가 없다."는 말의 속뜻입니다.

하지만 인류는 다릅니다. 고릴라처럼 몸집이 크지도 않고, 침팬지처럼 고환이 크지도 않은 인간의 남자는 다른 영장류와 전혀 다른 전략을 개발했습니다. 바로 '새끼 키우기'에 공을 들이는 방법입니다.

최초로 두 발로 걸은 인류를 생각해 봅시다. 여성이 임신 혹은 수유 중일 때는 이동이 쉽지 않습니다. 이들은 좁은 지역을 돌며 식물성 먹을거리를 수집했습니다. 반면 딸린 몸이 없어서 두 손이 자유로운 남자들은 넓은 지역을 돌아다니면서 동물성 먹을거리를 찾을 수 있었습니다. 남자는 이렇게 해서 가져온 먹을거리를 자신의 이익을 챙기는 데 이용할 수 있습니다. 가장 유리한 전략은 뭐니 뭐니 해도 가임기 여자의 환심을 사는 것이겠죠. 그런데 임신이나 수유 중인 여자는 어떨까요? 배란이 억제돼 있으므로 환심을 사 봤자 자손을 남기는 데 하등 유리할 게 없습니다. 그냥 먹을 것을 갖다 주지 말고, 다른 여자를 찾는 게 나을까요? 하지만 변수가 있습니다. 만약 여자의 뱃속에 있는 아이, 혹은 젖먹이 아이가 자기 아이라면 이야기는 달라집니다. 여자와 아이에게 먹을거리를 나눠 주는 일은 자신의 자손을 남기는 데 대단히 유익한 일이 되기 때문이죠.

남자 vs. 여자: 가임기를 숨겨라!

여기에는 하나의 조건이 있습니다. 그 아이가 자신의 유전자를 물려받은 아이가 확실하다는 전제입니다. 만약 자신의 아이가 아니라면, 그 남자는 자신이 아닌 다른 남자의 유전자를 지켜 주기 위해 헛고생을 하는 셈입니다. 그럼 어떻게 하면 여자가 낳은 아이가 반드시 자신의 아이가 되도록 할 수 있을까요? 고릴라처럼 여자가 가임기 때에 다른 남자가 접근하지 못하도록 하면 됩니다. 계속 곁을 지키고 있으면 됩니다.

이제 여자 입장에서 생각해 봅시다. 여자에겐 남자가 계속 자신에게 고기를 가지고 오게 하는 것이 이득입니다. 하지만 가임기는 기껏해야 한 달에 하루, 이틀입니다. 그럼 나머지 날에는 남자가 가져오는 고기를 받을 수 없는 걸까요? 여자가 내놓은 해답은 위장 전략입니다. 자신이 항상 가임기인 듯 속여서 계속해서 고기를 받으면 되죠. 가장 확실하게 속이는 방법은 남자뿐만 아니라 자기 자신까지 속이는 것입니다. 그래서 여자는 남자를 속일 뿐 아니라, 아예 여성 자신도 자신의 가임기를 모르게 됐습니다. 가임기를 정확히 모르는 인간은 늘 수시로 성교를 해야 했고, 남자는 계속 같은 여자에게 되돌아오게 됐습니다.

이렇게 한 남자와 한 여자가 성과 먹을거리를 매개로 짝을 맺게 돼 성별 분업, 핵가족, 직립 보행이 '패키지'로 등장했습니다. 이것이 인간의 기원이라는 주장은 '러브조이 가설'로 불리고 있습니다. 미국 켄트 주립 대학교 사회학 및 인류학과 오언 러브조이(Owen Lovejoy) 교수가 1981년 유명한 학술지《사이언스(Science)》에 발표해 사회적 파장을 불러일으킨 가설입니다.

인류학자들은 러브조이 가설이 맞는지 검증해 보고 싶어 했습니다. 러브조이 교수의 주장이 맞다면 초기 인류가 직립 보행의 흔적을 보여야 합니다. 그리고 수컷끼리의 경쟁이 약했기 때문에 여자와 남자의 몸집 차이도 적고 송곳니 역시 크지 않았을 거라고 예상했습니다.

대표적인 인류 조상으로 거론돼 온 '오스트랄로피테쿠스 아파렌시스(Australopithecus afarensis)'를 보면 이 예상은 반만 맞았습니다. 아파렌시스의 송곳니는 현대인보다는 크지만 침팬지나 고릴라보다는 작았습니다. 남녀의 몸집 차이 역시 고릴라보다는 작지만 현대인보다는 큽니다. 이런 특징을 바탕으로 추정해 보면, 아파렌시스는 현생 인류도 아니고 고릴라도 아닌, 색다른 형태의 남녀 관계를 보였을 것입니다.

2010년에는《사이언스》에 아파렌시스보다 이전 인류인 '아르디피테쿠스 라미두스(Ardipithecus ramidus)'에 대한 대대적인 연구 결과가 실렸습니다. 이 논문에는 러브조이 교수의 연구팀도 참여해 해부학적 특징을 분석했는데, 이 종이 직립 보행을 했으며 암수 간의 몸집 차이가 적었다는 결론을 내렸습니다. 그렇다면 러브조이 가설은 맞는 것일까요?

러브조이는 틀렸다?

러브조이 가설은 사회적으로 엄청난 반응을 일으켰으며, 특히 페미니스트들의 거센 반발을 샀습니다. 이전에 사람들은 핵가족이 자본주의와 시장 경제의 부산물이라고 생각했습니다. 그런데 러브조이 교수의 말이 맞다면 남자와 여자가 결혼을 하고, 남자는 밖에 나가 돈을 벌어 오고 여자가 그 돈으로 집을 지키면서 아이들을 키우는 모습이 태초부터 인간의 유전자에 새겨진 운명이었다는 이야기가 됩니다. 또 말을 조금만 바꾸면 수백만 년 전부터 먹을 것을 얻기 위해 여자가 자신의 성을 제공했다는 해설이 생길 수 있습니다. 러브조이 교수의 학설은 인류의 기원에 대한 학설이 아니라, 무한한 성생활을 꿈꾸는 남성들의 환상일 뿐일지도 모릅니다.

지난 30년 동안의 연구 결과를 보면 러브조이 가설이 틀렸을 가능성이 높습니다. 먼저 가임기에 상관없이 성생활을 하는 것은 인간만의 특징이 아닙니다. 멀리는 돌고래, 그리고 인간과 가장 가까운 보노보(bonobo, *Pan paniscus*) 역시 언제나 성생활을 합니다. 하지만 이들에게는 핵가족이 없습니다.

무엇보다 놀라운 사실은, 러브조이 교수의 설명과 달리 사실은 인간의 가임기가 숨겨지지 않는다는 것입니다. 여자들은 알게 모르게 가임기 때 평소와는 달리 행동하며, 남자들도 알게 모르게 달리 반응합니다. 인류학 연구 결과를 보면, 배란기의 여자는 목소리가 높아지고 식욕이 줄어들며 남녀 어느 쪽이 보기에도 예쁜 옷을 입습니다. 남자는 (자신도 모르게) 배란기 여자의 냄새에 끌리고 배란기 여자의 근처에 가면 남성 호르몬 테스토스테론을 분비합니다(신기하게도, 이런 남자들도 자신의 짝이 있느냐 없느냐에 따라 배란기 여자에 대한 반응을 달리 합니다.). 어느 날 문득 그녀가 유달리 예뻐 보인다면 호르몬의 추파에 대한 화답일 수도 있다는 이야기입니다.

인류의 여명과 문화적 '아버지'의 탄생

그렇지만 인간의 가족이 특이한 것은 사실입니다. 무엇보다도 인간의 가족에는 성인 남자가 끼어 있습니다. 영장류의 경우, 암컷과 새끼가 공동체를 이루는 일이 흔합니다. 암컷은 새끼를 낳아 그 새끼가 성인이 되어 제 앞가림을 할 수 있을 때까지 돌봅니다. 이때 다른 암컷의 도움을 받기도 하지만 새끼 키우는 일의 대부분은 그 엄마의 몫입니다. 그에 비해 인간의 가족에는 엄마 외의 존재가 꼭 필요합니다. 시간을 같이 보내든, 아이를 키우는 데에 필요한 돈을 제공하든 말이죠. 그리고 많은 경우에는 그 엄마 외의 존재가 아빠입니다. 동물의 경우 다른 수컷들과의 치열한 경쟁에서 이기는 길만이 새끼를 칠 수 있는 방법이기에 그 경쟁에 모두 '올인'하고, 막상 태어난 새끼에게는 별반 관심이 없는 경우가 대부분인 것을 생각하면 예외적이라고 할 수 있지요. 인간의 가족에서 남자는 아버지 노릇을 하면서 정성과 사랑, 시간과 물질을 아이들에게 아낌없이 투자합니다. 러브조이 교수의 주장이 맞다면 이것은 자식이 자신의 유전자를 물려받았기 때문입니다. 그런데 약간 이상합니다. 인간 남자 역시 다른 유인원처럼, 아이가 자신의 유전자를 물려받았는지 알 방법이 없기 때문입니다. 물론 유전자 검사를 해 보면 알겠지만, 그렇게까지 하는 사람은 거의 없고 대부분이 그냥 믿습니다. 자식에게 들여야 하는 그 엄청난 투자를 생각하면 누구라도 그 정도는 해야 할 법한데 이상하지요. 이 말은 인간의 아버지가 생물학적인 개념이 아니라 문화적인 개념이라는 뜻입니다. 일부일처제에서, 남자는 아내의 아이를 자신의 아이라고 '믿습니다.' 아내가 낳은 아이들에게, 그는 아버지가 되는 것입니다.

인간의 아버지는 생물학적인 관계를 벗어나 보이지 않는 것(믿음)을 통해 태어났습니다. 그리고 몸 역시 그에 맞춰 진화했습니다. 남자가 결혼을 하거나 아이를 갖게 되면 남성 호르몬이 줄어듭니다. 남성 호르몬은 생물학적인 '수컷다움'을 관장합니다. 이 말은 '수컷 노릇의 사령부'가 아버지 노릇을 위해 퇴진한다는 뜻입니다.

오늘날 러브조이 가설은 근본부터 흔들리고 있습니다. 남자와 여자는 수컷과 암컷이기도 하지만, 생물학을 넘어선 사회 문화적인 존재입니다. 아버지의 탄생은 그것을 증명합니다. 남자와 여자 모두 지극히 인간적인 존재일 뿐입니다.

남자가 느끼는 가상 임신 '쿠바드'

역사 시대 아버지의 모습은 시대와 문화를 통틀어서 천차만별입니다. 가부장

제 사회 속에서의 아버지는 자식의 삶에서 물러나 먼 거리에서 간접적으로 자원을 제공하는 역할이었습니다. 아버지는 사랑채에서 지내면서 안채에 있는 아이들과 떨어져서 생활하거나, 같은 집에서 살아도 아침 일찍 일하러 나가서 밤늦게 들어오기 때문에 얼굴을 보기 힘든 경우가 많았습니다. 아이들은 주로 어머니와 함께 지내면서 자라났지만 아이들의 삶에 중요한 결정권은 아버지에게 있었습니다. '엄격한 아버지와 자상한 어머니'는 이렇게 가부장제 사회 맥락 속에서 정해진 이상적인 부모상이었습니다.

전통에서 벗어난 21세기 현대 사회에서는 가족적인 자상한 아버지의 모습을 많이 볼 수 있습니다. 이들은 임신한 여자와 함께 산부인과에 같이 다니고, 가족 분만실에서 진통하는 여자에게 힘을 보태며, 태어난 아기를 같이 돌봅니다. 어머니가 젖을 먹이는 경우조차도 아버지가 주기적으로 아기에게 어머니 젖을 담은 우유병을 물립니다.

아버지는 육아만 공동 부담을 하는 것이 아닙니다. 생각보다 많은 남자들이 같이 사는 여자가 임신을 하면 입덧을 하고 체중이 늘어나며 태동 비슷하게 배가 아프기도 합니다. 분만 과정에서도 깊이 몰입하여 고통을 느끼기도 하지요. 혹은 진통과 같은 고통을 문화적으로 유도하기도 합니다. 조선 시대에 해산을 앞둔 여자가 남편의 상투를 잡고 진통 과정을 겪어 나가는 경우가 한 예입니다. 이렇게 가상 임신과 진통 경험을 인류학에서는 '쿠바드(couvade)'라고 합니다.

남자들의 가상 임신과 진통은 심리적인 상태를 넘어선 생리적인 현상입니다. 임신 초기부터 아기가 태어난 후까지 같이 사는 남자의 남성 호르몬과 여성 호르몬 분비가 임신한 여자와 유사한 패턴으로 변하는 현상이 대표적입니다.

3장
최초의 인류는 누구?

최초의 인류는 누구이며, 어떤 모습을 하고, 언제 나타났을까요? 이 세 가지 질문은 서로 얽혀 있습니다. 흔히 사람들은 이 문제에 분명하고 변하지 않는 정답이 있다고 여기지만, 고인류학의 많은 질문처럼 이 역시 최초의 인류에 대한 가설에 따라 답이 달라집니다. 최초의 인류 조상은 500만~700만 년 전에 아프리카에서 나타났다는 것이 인류학자들의 공통된 의견입니다. 여기에는 2000년대에 발견된 인류의 조상 세 종이 치열한 다툼을 벌이고 있습니다.

하지만 이들이 전부가 아닙니다. 2000년대 이전에 발견된 전통의 옛 후보 3인방 역시 자신들이 최초의 인류라고 강하게 주장하고 있기 때문입니다. 420만~300만 년 전에 살았던 종으로, 21세기에 발견된 종들보다 증거가 더 확실하다는 점이 장점입니다. 과연 어떤 종이 최초의 인류 타이틀을 거머쥘 수 있을까요?

머리가 좋아야 인류의 조상?

어떤 화석 종이 인류인지 아닌지 판가름하려면 먼저 인류의 조상이 어떤 모습을 하고 있는지 합의가 이뤄져 있어야 합니다. 찰스 다윈은 인류의 대표적인 특징으로 네 가지를 꼽았습니다. '큰 두뇌, 작은 치아, 직립 보행, 그리고 도구 사용'입니다.

인류가 다른 동물에 비해 가장 두드러지는 특징은 바로 큰 두뇌입니다. 사실, 인간의 두뇌는 엄청나게 큽니다. 몸집에 비해 상대적으로도 크고, 절대적인 크기도 만만치 않습니다. 그리고 이렇게 엄청나게 큰 두뇌 덕분에 엄청나게 많은 양의 정보를 처리할 수 있는 지능을 갖습니다. 어떤 생물의 종 이름은 대개 그 종에서 가장 특정적인 부분을 나타냅니다. 인간의 종명, '호모 사피엔스(Homo sapiens)'는 '알고 있는 인간' 다시 말해 '지적인 인간'이라는 뜻입니다.

오랫동안 학자들은 인류의 조상이라면 다른 건 몰라도 두뇌 하나는 컸을 것으로 추측했습니다. 나머지 특징들은 그 뒤에 생겼더라도 말이지요. 20세기 초에 영국 런던 근교에서 발견된 '필트다운인(Piltdown Man)'은 바로 그런 기대에 부응했던 모범적인 인류 조상이었습니다. 큰 두뇌와 사나운 송곳니를 가지고 있는 필트다운인은 최초의 인류 조상 후보로 영국의 자랑거리가 됐습니다. 하지만 현생 인류, 그것도 중세 시대인의 머리뼈와 유인원의 이빨과 턱뼈를 억지로 맞춰서 만들어 낸 가짜라는 점이 어처구니없게도 1950년대에 와서야 비로소 밝혀지고 말았습니다.

원시 유인원의 화석 자료가 쌓여 가던 1960년대에는 인류가 1000만 년 전 이전에 태어났다는 생각이 지배적이었습니다. 이 연대에 발견되는 화석 유인원에는 '프로콘술(Proconsul)'과 '라마피테쿠스(Ramapithecus)'가 있습니다. 이들은 곧게 선 이마와, 두드러지지 않은 부드러운 눈썹 뼈를 지니고 있었습니다. 인류학자들은 이를 바탕으로 이들 유인원이 최초의 인류 조상이라고 생각했습니다.

인간이 되려면 머리보다 두 발이 우선?

그런데 그 생각을 송두리째 바꿔 놓은 발견이 1960년대에 나타났습니다. 이 발견은 발굴 현장이 아니라 생물학 실험실에서 이뤄졌습니다. 생화학적, 유전학적 연구를 통해 인류와 침팬지 사이의 계통 분리는 500만 년 전에 일어났다는 사실이 밝혀졌거든요. 고릴라와 계통이 분리된 시기도 800만 년 전까지밖에 거슬러 올라가지 않습니다. 이전에 인류의 조상이라고 생각했던 프로콘술이나 라마피테쿠스 등은 1000만 년 전의 먼 친척 유인원일 뿐 인류의 조상이나 가까운 친척이 아니라는 뜻이지요.

그런데 문제가 있었습니다. 정작 이 사실을 뒷받침할 만한 화석 자료는 거의 발견되지 않았거든요. 1970년대까지 발견된 가장 오래된 인류의 화석은 1920년대 남아프리카에서 발견된 '오스트랄로피테쿠스 아프리카누스(Australopithecus africanus)'였습니다. 하지만 연대가 겨우

200만~300만 년 전으로 너무 짧았습니다.

1970년대 이후 반전이 일어났습니다. 동아프리카에서 여러 가지 고인류 화석이 쏟아져 나오기 시작한 것입니다. 이들은 방사성 동위 원소를 이용해 정확한 연대를 측정할 수 있었습니다. 에티오피아의 하다르(Hadar) 유적, 탄자니아의 라에톨리(Laetoli) 유적 등지에서 나온 고인류 화석들이 대표적이었습니다. 이들은 '오스트랄로피테쿠스 아파렌시스'라는 새로운 종으로 분류됐는데, 연대 측정 결과 300만~350만 년 전에 살았던 것으로 밝혀졌습니다. 그때까지 발견된 종 중 가장 오래된 인류 조상 화석입니다(유명한 '루시(Lucy)'가 바로 이 종에 속합니다.).

그런데 당시로서는 가장 오래된 화석이라는 점 말고, 오스트랄로피테쿠스 아파렌시스의 발견이 고인류학 역사에 큰 획을 긋는 사건이 된 이유는 따로 있었습니다. 바로 인류 진화 역사에서 두 발로 걷게 된 일(직립 보행)이 커진 두뇌보다 먼저 일어났다는 사실을 보여 준 것입니다. 최초의 인류는 두뇌를 기준으로 찾아야 할 게 아니라, 두 발로 걸었다는 증거를 기준으로 해야 한다는 점이 밝혀졌습니다. 오스트랄로피테쿠스 아파렌시스의 두뇌는 침팬지 정도 크기에 불과합니다. 치아는 큰 편이고, 도구 사용 흔적은 보이지 않습니다. 어디로 보나 인류보다는 침팬지의 조상에 가까워 보입니다. 하지만 단 하나가 달랐는데, 그게 바로 두 발로 걸었다는 점이었습니다. 골격에서도 직립 보행의 흔적이 보였고, 탄자니아의 라에톨리 유적에서 발견된 발자국 화석은 두 발로 걸은 뚜렷한 증거를 남기고 있었습니다. 이제 최초의 인류를 찾으려는 노력에도 '패러다임' 전환이 일어났습니다. 머리가 아니라 직립 보행을 한 흔적이 있는지가 인류의 조상 여부를 결정짓는 요소가 됐습니다. 오스트랄로피테쿠스 아파렌시스는 이런 기준에 따라 오랫동안 최초의 인류라는 타이틀을 거머쥐고 있었습니다.

하지만 영광은 오래가지 않았습니다. 1990년대 중반 이후, 아파렌시스보다 더 오래된 인류가 여럿 발견됐습니다. 390만~420만 년 전에 살았던 '오스트랄로피테쿠스 아나멘시스(*Austropithecus anamensis*)'가 대표적인 예입니다. 아나멘시스를 인류 조상의 세 번째 후보로 볼지에 대해서는 논란이 많습니다. 정강뼈(경골)가 남아 있어 이를 통해 뚜렷한 직립 보행의 흔적을 확인할 수 있지만, 다른 여러 특징이 오스트랄로피테쿠스 아파렌시스와 많이 비슷하기 때문입니다. 이렇게 비슷한데 과연 아나멘시스를 새로운 종으로 굳이 구별하는 것이 옳을지는 시간을 두고 지켜봐야 할 뿐입니다.

새로운 후보의 등장

2000년대에는 상황이 더 복잡해졌습니다. 더 오래전에 살았던 후보 셋이 새로 등장해 경쟁을 더욱 복잡하게 만들었거든요. 이들 가운데 누가 인류 여명기를 밝힐 것인지 주목됩니다.

새로 등장한 첫 번째와 두 번째 후보는 21세기로 넘어오기 직전인 1999년에 발견됐습니다. 먼저 중앙아프리카 차드에서 발견된 '사헬란트로푸스 차덴시스(*Sahelanthropus tchadensis*)'가 있습니다. 이 화석 종

(멸종해서 지금은 화석으로만 발견되는 생물 종)은 600만~700만 년 전에 살았던 것으로 추정됩니다. 중앙아프리카 차드의 토마이(Toumaï)에서 발견되었습니다. 초기 인류 화석이 주로 동아프리카 혹은 남아프리카에서 발견되었던 것을 고려하면 중앙아프리카에서의 발견은 매우 예외적이지요. 그러나 심하게 일그러진 두개골만 발견됐다는 점이 약점입니다. 초기 인류는 직립 보행만 제외하면 두개골에서는 인간 이외의 유인원과 비슷합니다. 두개골만 가지고는 사헬란트로푸스가 직립 보행을 했는지 알 수 없고, 이들이 원시 인류인지 다른 유인원의 화석인지도 확실하게 알 수 없습니다. 실제로 일부 고인류학자들은 이 종의 두개골 형질이 인류보다는 고릴라에 더 가깝다고 주장하고 있는 실정입니다.

두 번째 후보는 동아프리카 케냐에서 발견된 '오로린 투게넨시스(Orrorin tugenensis)'입니다. 이 종 역시 600만~700만 년 전에 살았던 것으로 추정됩니다. 이 화석 종은 넓적다리뼈(대퇴골)가 발견됐는데, 직립 보행의 특징을 발견할 수 있어 강력한 최초의 인류 후보로 꼽히고 있습니다.

만약 사헬란트로푸스나 오로린이 인류에 속하는 것으로 밝혀진다면 인류의 탄생 시점은 600만~700만 년 전으로 올라가게 됩니다. 하지만 인류와 침팬지가 분리되기 전에 살던 공동 조상이거나, 아예 다른 유인원 계통에 속할 가능성도 있습니다. 이 경우 인류의 기원은 보다 이후(최근)로 내려오게 됩니다. 몇 점 안 되는 화석에 의존하고 있기 때문에 연구의 불확실성도 큽니다. 과연 진실은 무엇일까요?

이제 가장 최근 등장한 또 하나의 강력한 후보를 소개할 차례입니다. 에티오피아의 아라미스에서 발견된 '아르디피테쿠스 라미두스'입니다. 이 종은 다른 두 종보다 늦은(하지만 아파렌시스나 아나멘시스보다는 오래된) 440만 년 전에 살았던 화석 종입니다. 라미두스는 2009년에 전체 골격이 모두 공개됐고 그해 말 미국의 과학 학술지《사이언스》에서 '올해의 발견'으로 선정할 정도로 인류학계뿐만 아니라 과학계 전체에 큰 파장을 불러일으켰지요.

다시 뒤집힌 가설: 직립 보행은 아니다?

라미두스가 큰 파장을 불러온 것은 무엇 때문이었을까요? 라미두스는 긴 팔과 큰 손, 짧은 다리, 그리고 엄지손가락처럼 옆으로 갈라져 나온 엄지발가락을 가지고 있습니다. 그런데 이 엄지발가락이 문제였습니다. 온전히 직립 보행을 하게 된 종과는 다른, 나무를 타는 유인원에게서 발견할 수 있는 특징이었으니까요. 만약 직립 보행을 했다면 엄지발가락은 가장 크고 다른 발가락과 평행을 이루면서 앞을 향해 있어야 합니다(직립 보행하는 우리는 그런 발가락을 갖고 있습니다.). 라미두스의 엄지발가락은 이 종이 두 발로 걸었을 뿐 아니라 나무도 탔다는 사실을 보여 줍니다. 20세기 후반에 정설로 인정받던 '최초의 인류는 직립 보행을 했다.'는 가설이 다시 위태로워진 것입니다.

주변 생태를 연관 지어 보면 문제가 더 커집니다. 학자들은 인류가 온전히 직립 보행만 하게 된 이유가 500만 년 전 아프리카의 삼림 지대가 점점 줄어들었기 때문이라고 설명했습니다. 지금까지 삼림이 남아 있는 서아프리카에서는 숲에서 주로 생활하던 유인원들이 살아남아 현재의 침팬지와 고릴라로 진화했고, 삼림과 초목 지대가 동시에 있는 동아프리카에서는 나무 위와 아래 평지를 모두 활동 지역으로 삼을 수 있는 직립 보행 유인원이 살아남아 인류로 진화했다는 내용입니다. 하지만 라미두스가 살던 환경은 초원이 아닌 삼림 지대입니다. 초원 환경에 대한 적응으로 직립 보행이 태어났다는 가설마저 흔들리게 된 셈입니다.

물론 라미두스가 최초의 인류가 아닐 수도 있습니다. 막강한 최초의 인류 후보였던 사헬란트로푸스 차덴시스, 오로린 투게넨시스, 그리고 아르디피테쿠스 라미두스는 모두 약점이 있습니다. 이들이 인류 계통이 아니라 인류가 시작되기 이전에 존재했던 다양한 유인원의 일원이라고 볼 수도 있기 때문입니다. 예를 들어 인류와 침팬지의 공통 조상 중 일부일 가능성도 있지요. 그렇다면 라미두스 등에게서 유인원스러운 특징이 보이는 것은 당연해집니다. 이 경우, 최초의 인류는 다시 아파렌시스나 아나멘시스 등 오스트랄로피테쿠스로 넘어갑니다. 비록 연대는 300여만 년 전으로 조금 내려오겠지만 말이죠.

과연 최초의 인류는 누구이며 어떤 모습이었을까요? 이 질문은 진화론의 역사와 함께합니다. 다윈이 제기한 이후 150년이 넘게 끊임없이 탐구된 주제입니다. 하지만 논쟁은 여전히 끝나지 않고 있으며 상반된 주장이 거듭 나오고 있습니다. 바로 지금, 최초 인류의 모습은 다시 한 번 충격적으로 바뀔지 모릅니다. 진화론 자체가 계속 진화해 가듯, 인류 기원의 연구 역시 수많은 물음과 답을 통해 계속 진화하고 있습니다.

최초 인류는 '도구적 인간'일까?

도구의 사용은 우수한 두뇌와 더불어 인류를 대표하는 특징으로 여겨져 왔습니다. 리키(Leakey) 부부가 발견한 최초의 호모속 호모 하빌리스(*Homo habilis*)도 '도구를 이용하는 인간'이라는 뜻으로 종명을 붙였죠. 달리 생각하면 도구를 이용하기 때문에 인간이라고 볼 수 있다는 뜻도 됩니다. 그렇다면 최초의 인류는 도구를 사용했을까요? 정답은 '아닐 가능성이 높다.'입니다. 인공적으로 만든 석기는 250만 년 전부터 발견됩니다. 최초의 인류가 등장한 지 훨씬 뒤의 일이지요. 최초 인류의 두뇌 용량은 현생 침팬지나 고릴라의 평균 두뇌 용량과 비슷하며, 인류 계통으로는 작은 편입니다. 이렇게 비교적 작은 두뇌 용량으로 도구를 만들고 사용했는지는 명확하지 않습니다. 그러나 비슷한 두뇌 용량의 침팬지가 도구를 사용한 고고학 자료가 남아 있는 것을 고려했을 때, 초기 인류가 도구를 사용했을 가능성은 물론 그 흔적을 발견할 가능성도 배제할 수는 없습니다. 바로 1996년 에티오피아에서 발견된 오스트랄로피테쿠스 가르히(*Australopithecus garhi*)가 그 예입니다. 오스트랄로피테쿠스 가르히는 250만 년 전의 고인류 화석으로서, 올도완(Oldowan) 석기(돌 두 개를 마주쳐 그 돌 자체가 떨어져 나온 조각에 날을 세운 석기) 공작과 흡사한 기술로 만들어진 석기와 함께 발견되었습니다. 더불어 발견된 동물 뼈에는 석기의 날이 남긴 흔적이 뚜렷이 나 있었습니다. 최초로 발견된 석기와 석기 사용 행위의 흔적이죠. 그런데 더 더욱 놀라운 일은 오스트랄로피테쿠스 가르히의 뇌 용량이 450시시(cc) 정도 라는 점입니다. 침팬지의 두뇌 용량, 그리고 다른 오스트랄로피테쿠스 고인류 의 두뇌 용량과 엇비슷한 크기입니다. 도구의 제작과 사용에는 큰 두뇌가 필요 없다는 가설이 검증된 셈입니다.

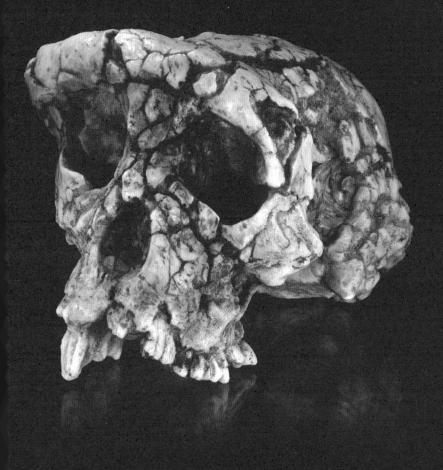

600만~700만 년 전에 살았던 것으로 추정되는 사헬란트로푸스 차덴시스의 두개골 화석

4장
머리 큰 아기, 엄마는 괴로워

5월이 되면 많이 부르는 노래 「어머니의 마음」은 이렇게 시작합니다. "나실 제 괴로움 다 잊으시고……." 아기를 낳는 일은 여자의 일생에서 가장 크고 긴 고통을 동반합니다. 현대 의학이 발달하기 전까지 아기를 낳는 일은 젊은 여자의 생명에 가장 큰 위협이었죠. 아기를 낳다가 죽는 경우가 허다했으니까요. 힘들여 아기를 낳은 다음에 자궁이 제대로 회복되지 않아 과다 출혈이나 감염으로 죽는 경우도 많았습니다.

의학이 상당히 발달하고 병원에서 위생적으로 아기를 낳던 한두 세대 전까지도 어머니들은 병원 분만대에 오를 때 벗어 놓은 신발을 보며 '이 신발을 내가 다시 신을 수 있을까?'라는 비장한 마음이 들었다고 해요. 다행히 현대 사회에서 아이를 낳다가 죽는 경우는 예전에 비하면 드뭅니다. 진통제의 발달로 해산의 고통을 모른 채 아이를 낳거나, 혹은 제왕 절개로 '한숨 자고 났더니' 엄마가 돼 있더라는 얘기도 생길 정도입니다. 하지만 여전히 아이를 낳는 일은 여성들에게 큰 걱정과 두려움을 느끼게 하는 일생일대의 사건입니다.

그런데 이상합니다. 진화 생물학의 관점에서 보면, 아이를 낳는 일은 곧 성공적인 삶의 지표입니다. 아동기와 청소년기를 거쳐 성장을 계속하던 개체가 성장을 멈추고 본격적인 재생산에 들어간다는 뜻이니까요. 연약한 시기와 무수한 죽을 고비를 넘기고 이제 건강한 어른이 돼 자손을 보려 합니다. 가장 축복 받아야 할 순간이라고 할 수도 있겠죠. 그래서인지 대부분의 동물들은 새끼를 낳는 일이 그다지 힘들지 않습니다. 하지만 유독 인간에게는 위험한 일이 됐습니다. 도대체 왜 이런 일이 생겼을까요?

머리는 커지고 산도는 좁아지고

인간을 제외한 동물들은 새끼의 머리 크기가 산도보다 크지 않습니다. 산도를 통해 새끼를 낳는 데 별 어려움이 없다는 뜻이지요. 하지만 인간 태아는 다릅니다. 머리는 크고 산도는 좁아, 출산할 때 어려움을 겪을 수밖에 없습니다.

그럼 보다 자세히 살펴보겠습니다. 400만~500만 년 전의 초기 인류는 여러모로 유인원처럼 생겼습니다. 머리 크기도 침팬지 머리 크기와 비슷한 450시시(cc) 정도였죠. 단지 직립 보행을 했다는 점만 달랐습니다(3장 '최초의 인류는 누구?' 참조). 그 후 인류의 머리 크기는 점점 커져서 200만 년 전에는 약 2배인 900시시에 다다르고 그 후 10만 년 전에는 현재 우리의 머리 크기와 비슷한 1300시시도 쉽게 볼 수 있습니다. 하지만 몸 크기는 200만 년 전 이후 별로 달라지지 않았지요.

몸의 크기는 변하지 않았는데 머리 크기만 커지자, 여러 가지 고민스러운 문제가 나타나기 시작했습니다. 머리가 큰 아기를 낳기 위해서 골반은 넓을수록 좋습니다. 그래야 산도도 넓어지니까요. 하지만 직립 보행을 하기 위해서는 골반이 좁을수록 좋습니다. 다리를 앞뒤로 바삐 움직이며 걸어야 하는데 다리가 좌우로 멀리 벌어져 있으면 중심이 흔들거리는 등 문제가 많습니다. 인류는 이런 딜레마를 어떻게 해결했을까요? 출산과 보행 중에서 결국 보행을 선택한 것 같습니다. 골반이 커지지 않는 쪽으로 진화했으니까요. 좁은 산도를 통해 머리 큰 아기를 낳는, 유례가 없는 출산의 어려움은 그대로 감내하고 말이지요.

경이롭게도, 이렇게 어려운 상황에서도 출산과 분만은 수도 없이 성공적으로 이뤄져 왔습니다. 산도보다 머리가 큰 아이를 낳기 위해 여자의 골반은 뼈와 뼈 사이가 물렁해졌고, 벌어질 수 있는 구조를 갖게됐습니다. 골반뿐 아니라 골격 전체의 관절이 벌어집니다. 물론 벌어진다 해도 큰 아기의 머리를 쉽게 낳을 수 있는 정도는 아니어서 늘 위험과 고통을 동반하는 것입니다. 게다가 출산 후에는 벌어졌던 관절이 다시 닫히기도 하지만, 대개는 이전 상태로 완전히 돌아오지는 않습니다. 아이를 낳고 나면 옷매무새가 이전과 같지 않다는 말을 종종 하곤

하는데, 바로 이런 이유 때문입니다. 비록 체중이 아이 낳기 전의 상태로 돌아와도 몸매가 변할 수밖에 없습니다. 아이를 많이 낳은 여자의 골반에는 벌어졌다 아문 기억이 상흔이 돼 남아 있습니다.

출산은 당사자인 아기에게도 트라우마를 안겨 줄 수 있습니다. 유인원인 원숭이를 생각해 보겠습니다. 원숭이 암컷은 새끼를 낳을 때 쪼그려 앉는 자세를 취합니다. 아기를 낳을 때 중력의 도움을 받기 위해서지요. 산도에 막 들어간 태아의 얼굴은 엄마의 배꼽 쪽(몸 앞쪽)을 향해 있습니다. 그래서 산도를 통과해 갓 빠져나온 새끼의 얼굴은 자연스럽게 엄마의 몸 앞쪽(얼굴)을 향하게 됩니다. 쪼그린 상태의 엄마 원숭이는 팔을 뻗어 새끼의 나머지 몸이 빠져나오도록 돕고, 새끼가 몸 밖으로 다 나오면 그대로 품으로 가져와 안습니다. 엄마의 도움으로 세상에 처음 나온 새끼는 이제 엄마의 얼굴을 보면서 품에 안겨 젖을 빱니다.

'혼자는 어려워': 인류의 출산

인간의 출산은 다른 영장류의 출산과 말 그대로 180도 다릅니다. 자궁이 수축해 뒤에서는 계속 아기를 밀고 있지만, 앞의 산도는 머리에 비해 크게 좁기 때문에 태아는 필사적으로 밀고 나와야 합니다.

인간 출산의 진화에 대한 연구는 미국 델라웨어 대학교 인류학과 카렌 로젠버그(Karen Rosenberg) 교수에 의해 많이 알려지게 되었습니다. 태아는 머리 뒤통수부터 산도에 들어섭니다. 다른 영장류와 마찬가지로, 산도에 진입할 때 태아의 얼굴은 엄마의 얼굴 쪽을 향해 있습니다. 그대로 내려가기만 한다면 태어날 때 엄마의 얼굴을 향하고 있을 것입니다. 하지만 산도는 좁습니다. 산도에 진입해 어느 정도 내려온 다음, 태아는 어깨를 산도에 맞추기 위해 한 번 몸을 비틉니다. 조금 더 밀고 나오다 보면 산도의 모양이 다시 달라집니다. 태아는 머리의 모양을 달라진 산도의 모양에 맞추기 위해 몸을 다시 한 번 더 비틉니다.

이렇게 해서 밀고 나온 갓난아기의 얼굴은 처음과는 180도 달라져 엄마의 뒤쪽을 향해 있습니다. 갓 태어난 새끼의 얼굴이 엄마의 얼굴을 향하는 원숭이와 반대되는 상황이죠. 이 경우, 아기를 낳는 여자는 원숭이의 엄마처럼 팔을 뻗쳐 스스로 신생아를 빼낼 수 없습니다. 선불리 아기를 빼냈다가는 아기의 목이 뒤로 꺾이기 때문입니다. 결국 갓 태어난 아기는 누군가 다른 사람이 받은 뒤 엄마에게 건네줘야 합니다. 인간의 출산 현장에는 누군가가 꼭 있어야 하는 것입니다.

원래 동물의 암컷은 해산의 진통을 느끼면 혼자서 조용한 곳을 찾습니다. 대개 미리 준비해 두었던 곳입니다. 이때 진통 중인 암컷에게 선불리 다가가면 암컷은 놀라서 새끼를 물어 죽이기도 합니다. 해산하는 암컷은 조용한 곳에서 혼자 있어야 합니다. 우리네 어머님들께서 밭에서 김을 매다가 잠깐 사라져서 아기를 낳고 돌아와 다시 김을 맸다는 이야기는 거의 무용담 수준입니다. 그리고, 그만큼 드문 일이기 때문에 이야깃거리가 되겠죠.

다른 동물들의 암컷과 달리 분만을 하는 여자는 해산의 진통을 느끼면 혼자 있고 싶어 하지 않습니다. 진통 중 혼자가 되면 많은 경우 스트레스 호르몬인 코르티솔이 분비돼 진통이 더 이상 진행되지 않고, 심하면 해산 과정이 멈추기도 합니다. 그래서 아기를 낳는 여자는 믿고 의지할 수 있는 누군가와 함께 있어야 합니다.

인류의 역사 속에서 이 과정을 함께해 온 그들은 대개는 여자의 어머니이거나, 여자 형제이거나, 다 큰 딸이거나, 또는 같은 집단에 사는 경험이 많은 여자였습니다. 그들은 진통 과정을 함께하고 마지막에 아기를 효율적으로 밀어낼 수 있도록 가르쳐 주며, 아기가 태어날 때 목이 꺾이지 않도록 잘 받아서 엄마에게 전달하는 역할을 했습니다. 그리고 갓 태어난 아기와 시간을 함께 보내느라 엄마가 미처 신경 쓰지 못하는 이런저런 마무리를 대신 해 줍니다. 아기가 나온 지 얼마 후 뒤따라 나오는 태반도 받아 내야 하죠. 누군가 다른 사람의 도움이 개입돼야 하다니, 인간은 '태어나는 순간부터' 사회적인 동물인 셈입니다.

진정한 인류의 시작은?

이렇듯 누군가가 꼭 옆에 있어서 도와주어야만 하는 힘든 출산, 혹은 지극히 '사회적인' 출산은 인류 진화 역사 중 언제부터 시작됐을까요? 여자의 골반 화석과 신생아 화석을 보면 알 수 있을 것입니다. 하지만 매우 어려운 일입니다. 신생아는 거의 화석으로 남아 있지 않거든요. 게다가 몇 개 안 되는 화석 인류의 골반뼈는 대부분 남자의 골반입니다. 출산에 대한 정보를 얻기 힘들죠(오스트랄로피테쿠스 아파렌시스 여자인 '루시'는 대단히 예외적인 사례입니다.).

그런데 2008년에 귀중한 연구 결과가 발표됐습니다. 스위스 취리히 대학교 마르샤 폰세데레온(Marcia Ponce de León) 교수와 크리스토프 졸리코페르(Christoph Zollikofer) 교수가 네안데르탈인의 신생아 및 유아의 두개골을 컴퓨터 단층 촬영(CT)으로 촬영했습니다. 그 결과 네안데르탈인 역시 신생아의 큰 머리가 엄마의 좁은 산도를 통과하기 위해 두 번 틀어야 하는 힘들고 고통스러운 출산 과정을 겪었다는 사실을 밝혀낸 것입니다. '사회적인' 출산의 기원은 최소 약 5만 년 전으로 거슬러 올라갔습니다.

하지만 네안데르탈인조차 큰 머리를 가지고 태어난 첫 번째 인류 조상이 아니었습니다. 그해 《사이언스》에는 네안데르탈인보다 이전에 살았던 호모 에렉투스(Homo erectus) 여자의 골반에 대한 논문이 발표됐습니다. 에티오피아 고나(Gona) 유적에서 발견된 골반은 현생 인류 여자의 골반과 매우 비슷한 모습을 하고 있습니다. 골반을 통해 추정할 수 있는 산도의 폭이 앞뒤와 좌우 양쪽으로 비슷한데, 이는 그 이전에 살았던 친척 인류인 여자 오스트랄로피테쿠스 아파렌시스('루시')의 골반과 확연히 다른 모습입니다. 루시의 골반은 산도의 앞뒤 폭이 좁은 납작하고 작은 형태였습니다. 연구팀은 이런 비교를 통해, 인류는 약 200만 년 전부터 나타난 것으로 추정되는 호모 에렉투스 때부터 큰 머리를 가진 신생아를 낳았을 가능성이 크다고 결론지었습니다.

인류의 특징으로 꼽을 수 있는 요소는 다양합니다. 그 중 일부는 최초의 인류를 찾는 조건이 되기도 합니다. 그런데 이제는 인류의 특징 리스트에 "태어나는 순간부터 '사회'에 속한다."는 사실도 추가해야 할 때가 아닌가 합니다. 인류의 큰 머리는, 흔히 알려져 있듯 지능 때문이 아니라 그로 인해 누군가의 도움을 받아서 태어날 수밖에 없다는 점에서, 진정한 인간을 나타내는 또 다른 특징이 될 수 있을 것입니다. 만약 그렇다면, 호모 에렉투스는 진정한 최초의 인간이라고 볼 수 있겠습니다.

출산은 가족과 함께

언제부터인가 출산은 정상적인 일상생활과 거리가 멀어졌습니다. 제왕 절개 수술을 하지 않고 정상 분만을 하는 경우조차 대부분 병원에서 이뤄집니다. 그런데 현대적인 위생 관념과 함께 정착한 병원 분만은 진화의 방향을 거스르는 경우가 많습니다. 아기를 낳는 여자는 윗몸을 세우고 앉아야 중력의 방향에 따라 아이를 낳을 수 있고, 그래야 진통 과정을 쉽게 겪습니다. 진통이 시작되면 믿고 의지할 수 있는 누군가와 함께 있어야 합니다.

하지만 병원 분만은 여자를 똑바로 눕히고 가족들을 모두 내보낸 채 낯선 남자 또는 여자들로 이루어진 의료진이 함께하는 가운데 이뤄지곤 합니다. 산모는 긴장감과 불안감 때문에 진통을 제대로 하지 못하다가 응급 제왕 절개 수술로 넘어가는 경우가 많습니다. 이런 비판 때문에 산모가 윗몸을 세우고 앉은 자세에서 진통을 하게 하고, 가족 분만실을 도입해 가족과 같은 병실에서 함께 진통, 분만, 회복을 할 수 있게 하는 병원이 늘어나고 있습니다. 또 조산원의 도움으로 집에서 가족들과 함께 분만을 하는 경우도 외국에서는 조금씩 늘어나고 있습니다. 참 바람직한 일입니다.

5장
아이 러브 고기

어린이집에 다니는 네다섯 살짜리 아이들이 초원에서 사자들을 제치고, 시속 30~40킬로미터로 달리는 아프리카 영양을 뒤쫓는다고 생각해 보세요. 가능할까요? 물론 가능하지 않습니다. 그런데 만약 초기 인류가 고기를 구하기 위해 사냥을 했다면 바로 이런 광경이 펼쳐졌을 것입니다. 초기 인류는 키가 유아 정도에 불과했고, 사냥 능력 역시 별로 다르지 않은 수준이었을 테니까요.

인류는 고기를 즐겨 먹습니다. 고기를 먹는 것도 능력이라면, 이 능력은 인류 진화의 중반기에 나타난 것으로 보입니다. 그런데 처음에 고기를 구하는 방법은 우리가 흔히 생각하는 것과는 달리 사냥이 아니었습니다. '원시인이 돌도끼를 들고 들짐승을 뒤쫓아 사냥하는' 장면은 만화에서 자주 볼 수 있지만 사실은 인류의 진화 역사 속에서 상당한 시간이 흐른 후에야 등장합니다. 그럼 처음에는 고기를 어떻게 구했을까요? 이 질문에 대답하기 전, 우선 인류가 언제부터, 왜 고기를 먹게 됐는지부터 알아보겠습니다. 그 과정에 바로 답이 있거든요.

식성이 다른 새로운 영장류 탄생

모든 동물은 고기를 좋아합니다. 육식 동물은 고기만 먹을 수 있으니 당연하지만, 놀랍게도 초식 동물이나 잡식 동물도 동물성 지방과 단백질을 좋아합니다. 인간 역시 고기를 좋아하는 동물입니다. 물론 이렇게 되기까지는 많은 어려움을 극복해야 했지요.

1974년, 동아프리카의 유명한 고인류 화석 발굴지인 케냐의 쿠비 포라(Koobi Fora) 유적에서 이상한 호모 에렉투스 화석이 하나 발견됐습니다. 'KNM-ER 1808'이라고 이름 붙인 화석인데, 방사성 동위 원소 연대 측정을 해 보니 약 170만 년 전으로 나왔습니다. 그런데 모양이 참 이상했습니다. 뼈의 단면이 아주 두꺼웠거든요. 학자들은 이 뼈의 주인공이 사망 시기를 전후로 뼈에 출혈을 겪었기 때문이라고 추정했습니다. 마치 염증이 난 부위가 붓듯이, 출혈이 생긴 뼈 역시 굵어진 것입니다. 그리고 그 원인을 꼽았는데, 비타민 A 과다증이 유력하다는 결과가 나왔습니다.

이상한 것은 여기부터입니다. 비타민 A 과다증은 육식 동물의 간을 너무 많이 먹으면 나타나는 증세입니다. '우리 조상님이 고기를 많이 드셨나 보다.'라고 쉽게 생각할 수도 있지만, 잘 생각해 보면 문제가 간단하지 않다는 사실을 알게 됩니다. 인류의 몸은 원래 고기를 많이 먹어도 되게끔 되어 있지 않았거든요.

인류가 속한 영장류는 6500만~8000만 년 전에 처음 등장했을 때부터 주로 나무 위에서 살며 과일과 잎을 주식으로 했습니다. 손바닥보다도 작은 크기의 초기 영장류는 과일과 이파리만으로도 충분했습니다. 몸집이 비교적 작은 원숭이는 곤충이나 애벌레 정도 되는 동물성 단백질을 먹기도 합니다만, 오랑우탄이나 고릴라처럼 몸집이 큰 유인원은 거의 초식만 합니다. 거대한 몸집을 유지할 만큼 고기를 많이 구할 수 있다는 보장이 없기 때문입니다. 인간과 가장 가까운 침팬지의 경우 고기를 좋아하고 가끔 고기를 구해 먹습니다만, 그 양은 초식의 양에 비하면 무시할 만한 수준입니다. 집단으로 덤벼들어서 비비원숭이를 잡아먹기도 하고, 나뭇가지로 흰개미 굴을 살살 휘저어 달라붙는 흰개미들을 후루룩 먹는 '간식' 수준이죠. 인간에 비해서 말이에요.

인류와 가장 가까운 유인원이 주로 초식을 한다는 것은, 이들과는 공통 조상을 지닌 친척 관계인 초기의 인류 역시 초식을 했을 가능성이 높다는 뜻입니다. 실제로 인류학자들은 약 400만~500만 년 전에 나타난 초기 인류도 다른 유인원처럼 초식 위주의 식생활을 했을 것으로 추정합니다. 이 시기에 살았던 것으로 밝혀진 화석의 어금니와 깊숙한 턱뼈를 보면 많은 양의 음식물을 수없이 많이 씹어 먹었음을 짐작할 수 있습니다. 이는 육식보다는 초식을 주로 하는 동물에게서 보이는 전형적인 특징입니다. 똑같은 양의 열량을 얻어 내기 위해 음식을 먹을 경우, 고기는 조금만 먹어도 되지만 채소는 상대적으로 많이 먹어야 하기 때문입니다.

또, 스스로 움직일 수 없는 식물성 먹을거리를 얻어 내기 위해서는 그다지 복잡한 전략을 세우지 않아도 되기 때문에 두뇌가 클 필요가 없습니다. 반면 움직이는 동물을 먹기 위해서는(그게 사냥이 됐든 시체 청소 (scavenging)가 됐든) 보다 복잡한 전략을 세울 수밖에 없습니다. 그런데 초기 인류의 머리 크기를 측정해 보면 지금의 침팬지와 비슷한 정도로 작습니다. 이 사실 역시 초기 인류가 육식보다는 초식을 했을 거라는 사실을 뒷받침합니다.

'용감한 사냥꾼'에서 '시체 청소부'로

그렇다면 쿠비 포라에서 발견된, 고기를 너무 먹어 비타민 A 과다증으로 뼈에 피까지 난 화석 KNM-ER 1808은 도대체 어떻게 된 것일까요? 바로 인류가 곧 식성을 바꾸게 됐다는 것을 증명합니다. 그리고 이것은 지독한 환경 변화 때문일 가능성이 높습니다.

플라이스토세(Pleistocene, 약 258만~1만 2000년 전) 기간에 아프리카는 건조해졌습니다. 숲이 점점 줄어들고 초지가 늘어났습니다. 식물성 먹을거리를 얻기 위해서는 점점 치열한 경쟁을 해야만 했습니다. 하지만 이런 상황은 인류의 조상에게 무척 불리했습니다. 그나마 남은 숲 지대에는 몸집은 현생 고릴라의 4분의 1 정도지만 이빨이 고릴라 못지않게 크고 강한 파란트로푸스(*Paranthropus*, 강한 턱과 이빨이 특징적인 초기 인류 친척으로, 오스트랄로피테쿠스의 일종으로 분류하는 학자들도 있습니다.)가 군림하고 있었습니다. 파란트로푸스는 나무껍질, 식물 뿌리 등을 먹을 수 있었기에 생존에 유리했습니다. 하지만 초기 호모속(*Early Homo*)의 이빨로는 이런 먹을거리는 엄두도 낼 수 없었습니다. 사정이 이렇다 보니, 초기 호모속의 인류는 살아남기 위해서 동물성 지방, 즉 고기를 먹어야 했습니다. 예나 지금이나 아프리카의 초원에서 고기를 구하는 일은 어렵습니다. 초기 인류의 어른 키는 100센티미터 정도로, 오늘날의 네다섯 살짜리 인간 아이와 맞먹었습니다. 사냥은 언감생심이었죠.

살아 있는 동물을 잡기가 어려우면 죽어 있는 동물을 먹으면 되지 않을까요? 사자는 막 죽인 사냥감의 내장을 배불리 먹고 나면 소화시키기 위해서 한숨 자러 갑니다. 사냥감은 내장만 제외하고는 나머지 고깃살이 그대로 붙어 있습니다. 그걸 노리면 되겠죠. 하지만 세상에 쉬운 일은 없습니다. 사자가 물러가고 나면 이번에는 독수리 떼나 하이에나 떼가 몰려듭니다. 독수리 한 마리는 선 키가 100센티미터 정도로, 초기 인류와 비슷한 크기입니다. 두 날개를 쭉 편 길이는 180센티미터가 넘습니다. 게다가 항상 떼 지어 몰려다닙니다. 절대로 연약한 인류가 만만히 고기를 빼앗을 수 있는 상황이 아닙니다.

그래서 인류는 동물성 지방을 얻는 획기적인 방법을 생각해 내기에 이르렀습니다. 사실 방법이랄 것도 없습니다. 사자부터 독수리, 하이에나까지 모든 경쟁자들이 내장과 고기를 다 발라 먹고 버리고 간 찌꺼기를 먹는 거니까요. 바로 뼈입니다. 뼈는 무시할 게 아닙니다. 팔다리의 뼈 속에는 골수가 있고 머리뼈 속에는 뇌가 있습니다. 골수와 뇌는 모두 순수한 지방 덩어리로 영양이 풍부한데, 이를 노리는 경쟁자는 벌레와 박테리아 정도입니다. 초기 인류가 아무리 약했다 해도, 이 정도는 물리칠 수 있었을 것입니다.

그래도 뼈 안의 영양분을 취하는 데에는 한 가지 문제가 있었습니다. 뼈는 매우 단단하다는 점입니다. 특히 팔다리뼈는 먼 훗날 무기로도 사용할 정도로 굵고 단단합니다. 이빨로는 이런 뼈를 깰 수 없습니다. 그래서 초기 인류는 돌로 뼈를 깨서 골수를 빼 먹는 방법을 찾았습니다. 뼈 깨는 돌은 점점 그럴싸한 모양새를 갖춘 '석기'가 되었습니다. 호모 하빌리스가 만들었을 것으로 추정되는 올도완 석기는 이렇게 뼈 깨는 돌로 사용됐을 것으로 추정됩니다.

육식이 부른 또 다른 진화

인류는 이렇게, 점점 넓어지는 초원이라는 척박한 환경 속에서 연명하기 위해 사체 찌꺼기에 손을 댔습니다. 그런데 이 과정에서 예상치 못했던 놀라운 일이 일어났습니다. 기름진(고지방) 식품 섭취에 힘입어 초기 인류의 두뇌가 점점 커진 것입니다. 두뇌는 빗대서 말하자면 제작비와 유지비가 많이 필요한 기관입니다. 그에 걸맞는 영양 섭취가 필수인데, 어쩔 수 없이 시작한 육식이 그 과정을 도운 것입니다.

정기적으로 확보한 고지방 고단백 식습관은 몸집도 키웠습니다.

초기 인류는 400만~500만 년 전 두뇌 크기가 현생 침팬지와 비슷한 400~500시시(cc) 정도였습니다. 200만~300만 년 뒤 호모 하빌리스 때는 750시시로 커졌습니다. 하지만 몸집은 여전히 100센티미터 전후로 작았습니다. 200만 년 전에는 호모 에렉투스가 등장했습니다. 호모 에렉투스는 두뇌가 1000시시까지 커졌고 몸집 역시 170센티미터 정도까지 자랐습니다. 몸집도 크고, 두뇌도 큰 인류 조상이 나타난 것입니다.

인류는 이렇게 큰 두뇌와 큰 몸집을 갖추고서야 비로소 살아 있는 동물을 잡아먹을 수 있게 됐습니다. 우리가 흔히 '원시인'의 모습으로 묘사하는 사냥은 이렇게 인류 진화의 비교적 늦은 시기에 등장한 것입니다. 하지만 인류는 곧 뛰어난 전략과 체력, 그리고 석기 덕분에 잡을 수 있는 짐승 수를 늘려 가며 사냥에 익숙해져 갔습니다.

이제까지 초기 인류가 '울며 겨자 먹기로' 육식을 시작한 사연을 소개했습니다. 그런데 여전히 한 가지 의문은 가시지 않습니다. 고릴라와 침팬지가 먹을 게 없다고 해서, 혹은 고기를 좋아한다고 해도 곧바로 고기를 많이 먹을 수 없듯, 초기 인류 역시 바로 기름진 음식을 소화하지는 못했을 것이라는 점입니다.

인류는 이 마지막 문제를 진화를 통해 해결했습니다. '아포 지방 단백질(apolipoprotein)'이라는 물질을 이용해 기름진 음식을 소화할 수 있도록 한 것입니다. 아포 지방 단백질은 마치 세제처럼 작용하는 물질입니다. 기름기가 지닌 지질 성분에 결합한 뒤, 이를 혈관에서 치워 피를 깨끗하게 합니다. 특히 혈중 지방 단백질을 낮추는 데 가장 효율적인 형태의 아포 지방 단백질 E 엡실론 4(APOE-epsilon 4) 유전자가 우리 몸에 등장한 시기를 보면, 약 150만 년 전으로 나타납니다. 바로 호모 에렉투스가 큰 두뇌와 몸집을 하고 아슐리안(Acheulean) 주먹도끼(석재의 양쪽 면을 가공해 다듬은 석기)를 만들어 내던 시점입니다.

KNM-ER 1808 화석의 주인공이 초기 인류로서는 엄두도 못 냈을 부위인 육식 동물의 간을 많이 먹었다면, 이것은 본격적인 육식이라는, 인류 진화 역사에서 획기적인 변화가 이미 일어났다는 것을 뜻합니다. 하지만 한편으로 그로 인한 뼈 출혈로 죽었다는 사실은 이들이 아직은 풍부한 동물성 지방과 단백질을 소화시킬 정도로는 진화하지 못했다는 사실을 드러내기도 합니다. 놀라운 KNM-ER 1808 화석은 바로 그 진화의 중간에 놓인 인류의 다난했던 현실을 드러내는 것 같습니다.

KNM-ER 1808 화석의 주인공이 살던 때로부터 불과 수십만 년 뒤, 인류는 유전적인 변화를 겪고 육식을 향한 길고 험난했던 생존 게임을 성공적으로 마무리했습니다. 인류는 큰 두뇌와 큰 몸집을 가지고 사냥을 제대로 하면서 본격적으로 고기를 먹기 시작했습니다. 하지만 그 고기는, 인류가 유전적인 변화를 거친 뒤에야 비로소 피가 되고 살이 될 수 있었습니다.

치매와 맞바꾼 육식

피를 깨끗하게 해서 인간의 육식을 가능하게 하는 아포 지방 단백질은 알츠하

이머성 치매, 뇌졸중 등 치명적인 노년기 병과 관련이 많습니다. 연구자들에 따라서는 아포 지방 단백질 유전자가 이 병들의 직접 원인이라고 합니다. 그렇다면 인류는 이렇게 위험한 유전자를 왜 가지고 있을까요?

노화 과정을 진화 생물학의 관점에서 설명하는 다양한 학설 중에 '다면 발현 (pleiotropy, 多面發現) 가설'이 있습니다. 다면 발현은 하나의 유전자가 여러 형질에 관여하는 현상입니다. 어떤 유전자가 아동기와 청년기에 유익한 기능을 담당한다고 가정해 봅시다. 동시에 그 유전자는 노년기에는 해롭습니다. 그렇다면 해로움만 따져서 이 유전자가 사라져야 할까요? 다면 발현 가설에 따르면, 아동기와 청년기에 유익했던 유전자는 선택 우위를 지니고 있기 때문에 쉽게 사라지지 않습니다. 아포 지방 단백질 E 엡실론 4도 마찬가지입니다. 혈중 지방 단백질을 치우는 유익한 기능이 있기 때문에 노년의 치매나 뇌졸중과 관련이 있어도 계속 우리의 유전자 속에 남아 있었던 것입니다. 이렇게 생각해 보면, 고기를 먹을 수 있는 능력은 공짜가 아니라 노년에 치러야 할 위험 부담을 감수하고 얻은 대단히 값비싼 적응 능력인 셈입니다.

한 가지 더, 그럼 만약 지금이라도 채식을 한다면 노년에 이런 병의 위험에서 벗어날 수 있을까요. 정답은 '아니다.'입니다. 이미 존재하는 유전자가 없어질 수는 없으므로 해결책이 될 수 없습니다.

호모 에렉투스가 사냥 및 사냥한 고기를 다듬는 데 사용한 아슐리안 주먹도끼

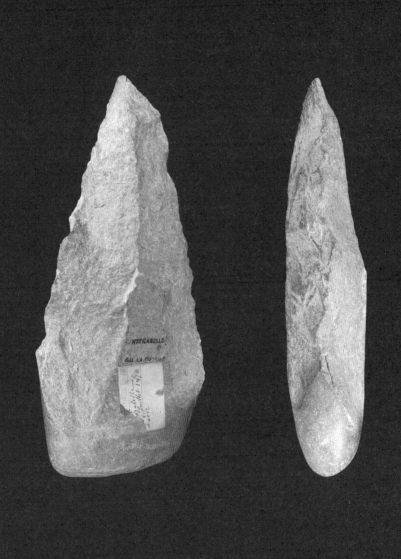

6장
우유 마시는 사람은 '어른 아이'

저는 우유를 좋아했던 기억이 없습니다. 학교 급식에서 나오는 우유는 집에 가져와서 동생을 주었고, 집에서 먹어야 하는 우유는 숨안 쉬고 단숨에 마셨습니다. 반 친구들은 우유를 안 마시기 때문에 제가 까맣고 조그만 거라고 놀렸습니다. 확실히 우유를 좋아하는 아이들은 뽀얀 피부와 큰 키를 가지고 있었던 것 같습니다. 여기저기서 우유를 마시라고 권장합니다. 미국에서는 "우유 있어요(Got milk)?"라는 광고 시리즈가 한동안 인기를 끌었습니다. 눈을 즐겁게 하는 유명 인사들이 윗입술에 우유 자국을 묻히고 우유 마시기를 권장하는 광고입니다.

여름이 되면 더위를 달랠 시원한 아이스크림이 간절해집니다. 한참 더울 때 달콤하고 부드러우며 시원한 아이스크림을 한 입 베어 물면 산해진미를 눈앞에 둔 그 어떤 왕보다도 행복한 기분이 됩니다. 그런데 우유를 마시거나 아이스크림을 먹으면 괴로운 사람들이 있습니다. 미식거리고, 배에 가스가 차고, 설사가 나오거나, 토하기도 합니다. 아이스크림에 들어 있는 우유, 바로 우유 때문입니다. 우유에는 탄수화물의 일종인 락토오스(lactose, 유당)가 들어 있는데, 일부 사람들에게는 이 물질을 소화시키는 효소인 락타아제(lactase)가 없습니다.

유당 불내성, 혹은 유당 분해 효소 결핍증(lactose intolerance)이라고 하는 이 증세는 미국에서는 일반적으로 아프리카계 미국인들의 '병'으로 알려져 있습니다. 이 병은 고쳐지지 않습니다. 우유를 매일 조금씩 마신다고 인성이 길러지지도 않고, 많이 마신다고 증세가 더 심해지지도 않습니다. 다만 인위적인 방법으로 증세를 나아지게만 할 수 있을 뿐입니다. 락타아제가 들어 있는 알약을 먹어서 외부에서 효소를 공급해 주면 됩니다. 우유를 못 마시는 사람들이 락타아제 알약을 먹으면서까지 우유를 마셔야 할까요?

이상한 건 우유 마시는 어른

미국에서는 한동안 우유를 못 마시는 증세를 비정상적인 병으로 여겼습니다. 그런데 인류학자들이 문제를 제기했지요. 우유를 못 마시는 어른보다, 우유를 마실 수 있는 어른이 '비정상'이라는 것입니다.

실제로 과학적으로 유당 분해 효소 결핍증은 병이 아닙니다. 젖먹이 동물인 우리는 모두 락타아제를 만들 수 있는 유전자를 가지고 태어납니다. 그래야 엄마의 젖을 먹고 소화시킬 수 있으니까요. 아기가 태어나서 모든 영양을 모유로 해결하는 동안에는 락타아제를 만드는 유전자가 활발한 활동을 합니다. 그러다 이유기를 거치면서 락타아제를 점점 덜 만들기 시작합니다. 젖을 떼고 어른이 먹는 음식에 의존할수록 락타아제는 더욱 줄어들고, 대신 다른 소화 효소가 많이 만들어집니다. 결국 어른이 되면 락타아제를 만드는 유전자는 활동을 멈추고 우유를 소화시킬 수 없게 됩니다. 어른의 유당 분해 효소 결핍증은 어른이 되면 자연적으로 나타나는 대단히 정상적인 현상입니다.

세계 여러 곳의 문화를 비교해서 연구하는 인류학자들은 이전부터 유당 분해 효소 결핍증은 연구해야 할 병 증상이 아니며, 오히려 어른이 되어도 여전히 우유를 마실 수 있는 '유당 분해 효소 지속증(lactase persistence)'을 분석해야 한다고 주장하였습니다. 세계 곳곳에 살고 있는 사람들을 조사해 보면 인류학자들의 말이 맞습니다. 전 세계에서 우유를 마실 수 있는 어른은 각 인구 집단별로 약 1~10퍼센트에 불과합니다. 아시아의 대부분, 아프리카의 대부분, 유럽의 상당 지역이 모두 이에 해당합니다. 대부분의 사람들은 '정상적인' 젖먹이 동물의 절차를 잘 밟고 있습니다.

그런데 유독 어른이 돼서도 우유를 마실 수 있는 특이한 사람들이 대다수인 지역이 일부 있습니다. 유럽의 스웨덴, 덴마크, 아프리카의 수단, 그리고 중동의 요르단과 아프가니스탄 등입니다. 이들 지역에서는 어른이 되어도 락타아제를 만들어 내는 사람들의 비율이 70~90퍼센트로 높습니다. 이들 지역에서만큼은 우유를 먹고 배탈이 나는 사람을 보고 '비정상'이라고 일컫는 게, 다른 지역에 비해서는 조금은 말이 될지도 모르겠습니다.

'우유 돌연변이' 1만 년 이내 등장

이렇게 어른이 돼도 우유를 마실 수 있는 사람들이 살고 있는 지역에는 공통점이 있습니다. 모두 오랜 기간 목축업과 낙농업을 해 온 곳이라는 점입니다. 우유를 비롯한 유제품이 음식의 주를 이룹니다. 그래서 학자들은 우유를 마실 수 있는 능력과 목축업, 낙농업 사이에 상관관계가 있을 것이라고 생각했습니다.

'우유를 많이 마시는 곳이니까 당연히 우유 마시는 능력도 높겠지.' 라고 당연하게 생각할 수도 있습니다만, 이런 정도의 추정은 어디까지나 가설이 될 수 있을 뿐입니다. 아무리 설득력 있어 보여도 과학적인 연구로 증명되지 않으면 타당한 설명이 될 수 없지요. 이 가설이 맞다고 밝혀진 것도 최근의 유전학 연구가 나온 이후입니다. 예상대로, 어른이 되어서도 락타아제를 계속 만들어 내는 사람들은 락타아제 유전자에 돌연변이가 있었습니다.

너무 싱겁다고요? 실망하기엔 이릅니다. 실상은 그렇게 단순하지 않았거든요. 그리고 여기에 과학적인 인류학 연구의 묘미가 있습니다. 놀랍게도, 락타아제를 만들어 낸다는 현상은 한 가지임에도 이 현상을 만들어 내는 돌연변이는 하나가 아니었습니다. 예를 들어 유럽의 스웨덴에서 발견되는 돌연변이는 아프리카의 수단에서 보이는 돌연변이와 염기 서열이 서로 달랐습니다. 이는 스웨덴 사람들이 수단으로 이주하거나 반대로 수단 사람들이 스웨덴으로 이주해서 이들이 공통적으로 우유를 마실 수 있게 된 게 아니라는 뜻입니다. 지역별로 각각 따로 돌연변이가 발생했는데, 그 결과는 모두 같아서 공통적으로 어른이 되어서도 우유를 마실 수 있게 됐다는 것이죠. 우연치고는 특이하죠. 이런 락타아제 돌연변이가 지금까지 적어도 네 종류 발견됐습니다.

게다가 돌연변이가 먼저인지 낙농업이 먼저인지도 불분명했습니다. '우유를 많이 마시니까 효소가 생겼겠지.'라는 추측은 낙농업을 한 시기가 유전자 돌연변이가 등장한 시기보다 먼저여야 말이 됩니다. 그래서 유전학자와 인류학자들은 유전자의 돌연변이가 나타난 시기를 연구하기 시작했습니다. 유럽에서 낙농업은 신석기 시대 이후에 시작됐습니다. 만약 유럽의 신석기인들이 락타아제 돌연변이를 가지고 있었다면, 이는 돌연변이를 원래 지니고 있던 사람들이 목축업과 낙농업을 했다는 뜻이 됩니다. 반대로 돌연변이가 없었다면, 목축업과 낙농업 때문에 돌연변이가 증가했다는 뜻이 되죠.

2007년, 독일 구텐베르크 대학교와 영국 런던 대학교 공동 연구팀이 낙농업이 정착되기 이전 신석기 시대 인골에서 고(古)DNA(화석에서 채취한 DNA. 흔히 조각조각 끊어져 있어 해독이 어렵지만, 최근에는 이를 해독하는 기술이 발달해 게놈까지 해독하는 수준에 이르렀습니다.)를 채취해 분석했습니다. 그 결과 락타아제 돌연변이는 발견되지 않았습니다. 그러니까 유럽에서 이 돌연변이가 본격적으로 증가한 시점은 낙농업이 시작된 이후인 지난 1만 년 이내라는 사실이 검증된 것입니다.

우유 마시는 인류는 왜 늘어났나?

결국 락타아제 돌연변이는 목축업과 낙농업˙ 때문에 증가했다는 '가설'은 맞는 것으로 드러났습니다. 그런데 여기에도 또 의문이 있습니다. 어떤 돌연변이 유전자를 지닌 사람들이 늘어났다는 것은, 돌연변이를 지닌 사람들이 그렇지 않은 사람들보다 후손을 많이 남겨야 가능합니다. 반대로 말하면, 우유를 마실 수 없는 사람들은 마실 수 있는 사람에 비해 일찍 죽거나 후손을 많이 남기지 못했다는 뜻이죠. 인류 진화 역사에서는 극히 최근인 1만 년 전에 발생한 신생 돌연변이가 어떤 인구 집단에서는 구성원 중 최고 90퍼센트가 이 돌연변이를 지닐 정도로 증가했습니다. 이는 우유를 소화시키는 능력이 대단히 강력한 자연 선택을 받았다는 뜻입니다.

도대체 우유의 어떤 성분이 이렇게 삶과 죽음을 가를 정도로 중요했을까요? 여기에는 몇 가지 가설이 있습니다. 먼저 '우유를 마시면 키가 크기 때문'이라는 주장이 있습니다. 확실히 우유를 많이 마시는 북서유럽 사람들은 키가 큽니다. 그런데 이들이 키가 큰 이유가 단지 우유를 많이 마시기 때문인지는 확실하지 않습니다. 우유 속 성분 중에 어떤 성분이 키와 몸집을 키우는지 화학적으로 정확하게 밝혀진 바가 없기 때문입니다. 큰 키가 어떤 식으로 삶과 죽음을 가를 정도로 진화적으로 유익한 형질인지 역시 밝혀진 바가 없습니다.

칼슘과 단백질을 섭취할 수 있어서라는 가설도 있습니다. 하지만 칼슘과 단백질을 얻기 위해서라면 우유 대신 소화하기 쉬운 치즈나 요구르트로 만들어 먹으면 됩니다(우유를 발효시키는 과정에서 락토오스가 소화되기 쉬운 형태로 변합니다.). 이렇게 '문화적인 방법'을 통해 쉽게 적응할 수 있는데, 굳이 돌연변이라는 '생물학적인 방법'을 이용할 필요가 있었을까요? 실제로 중동 지역은 낙농업이 발달했지만, 북서유럽에 비해 락타아제 돌연변이를 가지고 있는 어른들의 비율이 그다지 높지 않습니다. 치즈나 요구르트 등 유제품의 형태로 우유를 섭취하는 문화 때문일 가능성이 있습니다.

마지막으로 우유를 통해 비타민 D를 섭취하기 위해서라는 가설도 있습니다. 비타민 D는 몸에서 칼슘을 흡수하는 데에 중요한 성분입니다. 햇빛 속의 자외선을 받아서 몸에서 직접 만들어 내는 유일한 비타민입니다. 실제로 북서유럽은 햇빛이 귀하므로 일견 타당해 보입니다. 하지만 역시 다른 지역을 보면 맞지 않습니다. 아프리카 수단은 햇빛이 풍부한 지역인데도 락타아제 유전자 돌연변이를 지닌 비율이 높습니다.

결국, 우유의 어떤 성분이 삶과 죽음을 갈랐는지는 무수한 가설만을 남긴 채 여전히 풀리지 않고 있습니다. 우리는 지금도 이유도 모른 채 우유와 아이스크림을 맛있게 먹고 있습니다.

인류와 우유, 젖소의 공진화

　지난 1만 년 동안, 인류는 어른이 돼서도 우유를 마실 수 있도록 진화했습니다. 여기에는 유전자 돌연변이까지 포함됩니다. 그런데 우유를 먹는 사람만 변한 것이 아닙니다. 우유 자체도 변했고, 우유를 생산하는 젖소도 변했습니다. 우리가 먹는 쌀이 야생 쌀과는 아주 다른 맛이듯, 가축이 된 젖소에서 나오는 우유도 종자 개량을 거치며 맛이 바뀌었습니다. 사람 젖에 가까운, 사람 입맛에 맞는 젖으로 말입니다. 우리의 입맛에 맞게끔 우유의 맛을 바꾸기 위해 젖소의 유전자도 변화시킨 것입니다. '사람 새끼에게 소 새끼가 먹는 젖을 먹인다.'고 타박하는 사람들도 있습니다만, 정작 억울한 것은 사람 입맛에 맞게 달라진 엄마 젖을 먹어야 하는 송아지일지도 모르겠습니다.

　한때, 신석기 시대가 시작되고 농경 문화가 발달하면서 인류가 더이상 진화하지 않았다고 생각하던 시절이 있었습니다. 그러니까 우리는 수만 년 전의 몸으로 현대를 살고 있다고 말이지요. 그러나 유전학과 인류학 연구를 통해 새롭게 드러난 인류의 모습은, 지난 500만 년동안과 마찬가지로 최근 1만 년 사이에도 왕성하게 진화하고 있습니다. 마치 우리가 짧은 시간에 변화시킨 우리 주변의 다른 많은 대상들과 마찬가지로 말이에요(22장 '인류는 지금도 진화하고 있다' 참조).

우유 있어요?

"우유 있어요(Got milk)?" 미국에서는 지난 20년 동안 유명 인사들이 우유 마시기를 권장하는 광고가 크게 유행했습니다. 영화 「엑스맨」 시리즈로 유명한 배우 휴 잭맨이나 가수 리하나 등의 유명 연예인이 대거 등장해 인기를 끌었지요. 이 광고를 보고 있자면 어른 아이 할 것 없이 우유를 꼭 마셔야 할 것 같습니다. 우유를 마시지 못하는 사람은 그저 철부지고요.

그렇지만 미국 역시 상당수의 어른들은 우유를 마시지 못합니다. 북서유럽에서 미국으로 이민을 온 사람들 중에서는 원래 낙농업을 주업으로 하는 지역 출신이 많았습니다. 본문에서 설명했듯, 이들은 우유를 마실 수 있게 해 주는 락타아제 돌연변이를 지녔죠. 그런데 이들이 미국 주류 사회의 주역으로 등장하면서, 우유를 마시는 문화까지도 주류 사회의 특징으로 자리 잡게 되었습니다. 우유를 못 마시면 '촌스러운' 사람이 된 것은 물론이고요.

이제는 문화의 다양성이 자리 잡아 가고 있습니다. 이전에는 우유를 못 마시던 어른들이 알약을 먹고서는 우유와 아이스크림을 먹었습니다(이렇게까지 해서 우유를 마셔야 했다니 웃기기도 하고 슬프기도 한 일이지요.). 지금은 당당히 '우유를 못 마시는 사람들이 걱정 없이 마실 수 있는 우유'를 사서 마십니다.

재미있는 현상은 우유 마시기가 세계화되고 있다는 점입니다. 마치 맥도날드와 스타벅스처럼, 우유 마시기 역시 '발전'이라는 탐나는 개념과 패키지 상품으로 번지고 있는 거죠. 한때 우리나라도 우유 마시기를 대놓고 권장하던 때가 있었습니다. 1990년대에 전 세계에서 우유의 소비량이 가장 크게 증가한 나라는 중국과 인도입니다. 중국과 인도 모두 우유를 소화하지 못하는 어른의 비율

이 높은 나라입니다. 다양하고 풍부한 음식 문화를 자랑하는 이들이 굳이 소화

안 되는 우유를 너도나도 마시고 있는 이유는 무엇일까요?

7장
백설공주의 유전자를
찾을 수 있을까?

여름이 되면 어김없이 등장하는 화장품 광고는 하얀 피부를 만들어 준다고 유혹합니다. 과연 관리만 잘하면 눈같이 흰 피부를 가질 수 있을까요? 그렇지 않습니다. 피부색은 어느 정도 타고나기 때문입니다. 유전자가 연관이 돼 있다는 이야기입니다. 햇빛과도 관련이 있지만, 타고난 피부색을 완전히 뒤바꿀 정도는 아닙니다. 그리고 이 사실에서 오랫동안 인류를 괴롭혀 온 여러 가지 민감하고 논쟁적인 일들이 시작됐습니다.

피부색은 인류학 역사에서 매우 민감한 주제입니다. 오랫동안 피부색은 흑인종, 백인종, 황인종 등 인종을 구분하는 기준이었죠. 하지만 인류학자들은 1960년대부터 이 사실에 의문을 품기 시작했습니다. 피부색이 자외선의 강도와 관계가 있을 뿐 특별한 기준은 아니라는 사실을 알게 됐거든요. 세계 지도를 놓고 보면 자외선이 강한 지역과 약한 지역의 피부색이 다릅니다. 자외선을 많이 받는 곳에 사는 사람은 검은 편이고 적게 받는 곳의 사람은 흽니다. 물론 그 사이에도 굉장히 다양한 스펙트럼의 피부색이 존재하고요. 그러니까 피부색은 환경에 맞춰 적응한 결과일 뿐, 특별한 요인은 아닙니다. 더구나 인종이라는 개념 자체가 생물학적으로 구분할 수 있는 실체가 있는 개념이 아니라는 사실이 밝혀졌습니다. 피부색을 둘러싼 논쟁은 더 이상 필요 없는 것처럼 보였습니다.

하지만 피부와 관련한 미스터리는 다 풀린 게 아니었습니다. 오히려 복잡하고 다양한 의문이 꼬리에 꼬리를 물고 나오기 시작했습니다.

알고 보면 인류는 '솜털'복숭이

포유류가 털을 가진 것은 몸을 보호하는 데 도움이 되기 때문입니다. 털은 치명적일 수도 있는 자외선과 주변의 나뭇가지, 기상 현상 등으로부터 몸을 보호합니다. 또 털 사이에 공기를 품어 체온을 일정하게 유지시켜 줍니다. 추울 때는 코트의 역할을 해 주고, 더울 때는 모근 근육을 이완하고 털을 눕혀 체온을 식힙니다. 이 덕분에 주위 온도에 구애 받을 필요가 없이 훨씬 다양한 환경에서 살아남을 수 있습니다.

그런데 인류의 피부는 아주 이상합니다. 털로 덮이지 않은 반질반질한 피부를 갖고 있는데, 포유류 중 이런 동물은 거의 없습니다. 굴속에서 일생을 보내느라 햇빛을 보지 않는 설치류 정도가 있을까요? 햇빛을 받으면서 살아가는 동물 중 털이나 깃털로 온몸이 덮여 있지 않은 것은 인간뿐입니다.

인류가 정말 피부에 털이 없는 것은 아닙니다. 인간은 몸집이 비슷한 다른 포유류와 비슷한 수의 모공을 갖고 있으며, 털도 비슷하게 나 있습니다. 다만 짧고 연한 색깔의 솜털로 바뀌어 마치 없는 것처럼 보일 뿐입니다. 인간은 털의 수가 줄어서가 아니라 털의 종류가 바뀌어서 맨몸이 됐습니다.

그렇다면 언제부터, 왜 인류의 털이 솜털로 바뀌었을까요? 고기를 무제한으로 먹을 수 있게 된 다음부터라는 가설이 가장 유력합니다. 초식을 하던 초기 인류는 250만 년 전부터 고지방, 고단백 음식에 맛을 들였습니다. 다른 짐승들이 먹고 난 찌꺼기인 뼈를 깨서 그 안에 있는 골수를 먹는 정도였지만, 그 덕분에 두뇌와 몸집이 커지고 제대로 된 석기를 만들어 쓰면서 사냥을 할 수 있게 됐습니다(5장 '아이 러브 고기' 참조).

털을 가진 짐승은 주로 초저녁과 아침에 사냥을 합니다. 사자를 생각해 보세요. 수사자의 멋진 갈기와 윤기가 흐르는 털이 떠오를 겁니다. 보기엔 폼 나지만 이런 몸으로 대낮에 활발하게 움직일 수 있을까요. 모피를 입고 복날 더위가 한창인 대낮에 전력으로 뛴다고 생각해 보세요. 너무 더워 정신을 차리기 힘들 것입니다. 그래서 맹수들은 한낮이면 체온을 발산하기 위해 입을 벌리고 뜨거운 호흡을 계속 내쉽니다. 말복 더위에 축 늘어져서 혀를 내밀고 헉헉거리고 있는 개처럼요. 이렇게 가만히 있기만 해도 힘든데, 시속 65킬로미터의 속도로 힘껏 달려 도망가는 영양을 뒤쫓아 잡는다는 건 꿈도 꿀 수 없습니다.

인간은 바로 이때, 맹수들이 움직이지 않는 대낮을 노려 사냥감을 찾아 나섰습니다. 그런데 만약 인간마저 온몸이 털로 덮여 있다면 어떨까요? 사자와 똑같이 대낮에는 맥도 못 추고 그늘부터 찾아 쉬어야 했을 것입니다.

맨몸 인류와 검은 피부의 탄생

이런 상황에서 털이 없어져서 맨몸이 되는 돌연변이가 우연히 등장합니다. 이 돌연변이를 지닌 인간은 맨몸에 난 땀을 증발시켜서 뜨거운 체열을 발산하는 기발한 방법으로 아프리카의 대낮을 정복했습니다.

하지만 뭐든 장점이 생기면 예기치 못한 단점도 나타나는 법입니다. 땀을 흘려 체온을 조절하게 되면서 인간은 물에 그만큼 많이 의존하게 됐습니다. 건조화가 진행되고 있는 아프리카에서 마실 물을 구하기란 쉽지 않았을 것입니다. 물이 행동반경 내 어디에 있는지가 대단히 귀중한 정보가 됐죠. 물은 계절적으로 생기기도 하고 없어지기도 합니다. 계절에 따라 바뀌는 정보(기억)를 저장하고 다음 세대로 전달하는 일도 중요해졌습니다. 또 자주 물을 마시러 물가로 나오는 일은 위험하기 때문에 이런 위험을 피할 방법도 중요해졌습니다.

자외선도 문제였습니다. 자외선을 막아 주던 털이 없으므로, 인류의 피부는 자외선에 그대로 노출됐습니다. 자외선은 피부암을 일으키기도 하지만, 그보다는 유전자의 돌연변이를 일으켜 체내의 엽산을 파괴해 기형 태아가 생길 확률을 높입니다. 후손을 남길 확률이 줄어든다는 뜻이기 때문에 인류에게는 대단히 불리한 일입니다. 체내로 들어오는 자외선을 차단할 수 있다면 진화에서 매우 유익했을 것입니다.

인류의 피부에서 이 역할을 하는 것은 멜라닌(melanin) 색소입니다. 인체의 멜라닌 색소는 특수한 세포가 생산하는데, 멜라닌 색소가 많아지면 피부색도 검어집니다. 이게 바로 아프리카에서 태어난 최초의 인류가 검은 피부를 지녔으리라고 생각하는 이유입니다. 인류는 털과 땀을 맞바꾼 후에는 검은 피부가 있어야 살아남을 수 있었습니다(이에 반해 털이 있는 동물의 피부는 흽니다. 털이 가려 주기 때문에 굳이 색소가 필요 없고, 색을 띨 다른 이유도 없어서지요. 인간 역시 머리털로 덮여 있는 두피는 하얗습니다.).

만약 이 논리대로라면, 맨 피부를 지닌 최초의 인간은 검은 피부를 가지고 있었고, 인간은 모두 흑인종이어야 합니다. 하지만 말할 필요도 없이 전 세계인의 피부색은 검지 않습니다. 어떤 인간들은 피부색이 옅어졌습니다. 백설공주의 흰 피부는 왜 생겼을까요?

다시 흰 피부를 되찾다

인류는 가장 햇살이 뜨거운 적도 지방에서 전 세계로 퍼져 나가면서 햇살이 덜 뜨거운 북쪽 지방에까지 퍼져 살게 됐습니다. 특히 인류가 전 세계로 퍼져 나간 시기는 빙하기와 간빙기가 반복적으로 교차

하던 때입니다. 빙하기 동안에는 구름 낀 날씨가 계속되기 때문에 햇빛을 보기 힘들죠. 햇빛을 보기 힘들면 자외선을 차단할 필요가 없고, 멜라닌을 만들어 낼 필요도 없습니다. 그러나 단지 멜라닌이 필요 없어졌기 때문에 피부가 하얗게 된 것은 아닙니다. 멜라닌이 필요 없어졌다고 꼭 피부색이 옅어질 필요는 없기 때문이죠. 피부색이 검어도 그만, 옅어도 그만이라면 말입니다.

하지만 피부색은 선택 사항이 아닙니다. 삶과 죽음을 가를 정도로 중요합니다. 햇빛이 강한 곳에서는 멜라닌이 있어야 살아남을 수 있듯이, 햇빛 보기 힘든 곳에서는 오히려 멜라닌이 없어야 살아남을 수 있습니다. 햇빛 보기 힘든 곳에서는 자외선이 부족한데, 우리 몸에는 약간의 자외선이 꼭 필요하기 때문입니다. 인간이 몸에서 유일하게 만들어 낼 수 있는 비타민 D를 만들기 위해서입니다. 비타민 D는 칼슘 흡수에 결정적인 역할을 하는데, 없으면 칼슘이 흡수되지 않아 뼈가 물렁해지고 형태가 일그러집니다. 비타민 D가 부족한 시기가 길어지거나 성장기의 중요한 때에 이러한 시기를 겪으면 구루병이 됩니다.

물론 뼈가 튼튼하지 않다고 죽을 정도는 아니겠죠. 그러나 가임기 여성의 뼈 중에는 형태가 일그러지면 곧바로 삶과 죽음의 문제로 연결되는 곳이 있습니다. 바로 아기가 나오는 골반뼈입니다. 산모와 아기를 위협하는 치명적인 증세 앞에서, 인류는 다시 멜라닌이 없는 흰 피부를 가질 수밖에 없었습니다.

이렇게 해서, 광범위한 지상의 '피부색 유전자 분포'는 위도에 따라 가지런한 형태로 정리됐습니다. 적도 부근 지역은 자외선이 비타민 D

를 합성할 수 있을 정도로 1년 내내 충분히 내리쬡니다. 온대 지역은 자외선이 부족한 기간이 한 달 정도이며 냉대 지역은 자외선이 1년 내 내 부족합니다. 그리고 이 지역 원주민의 피부 속 멜라닌 농도는 바로 이런 자외선 부족 정도와 대략 일치합니다.

피부색을 결정하는 유전자가 발견된 것은 그렇게 오래된 일이 아닙니다. 1999년에 멜라닌을 만드는 유전자가 처음 발견됐습니다. 이어 흰 피부를 결정하는 유전자, 검은색을 만드는 또 다른 유전자 등 지금까지 12개 이상의 유전자가 우리 몸의 색깔에 관여한다는 사실이 밝혀졌습니다. 백설공주의 눈처럼 흰 피부를 만드는 것도 이 유전자 중 하나일 겁니다.

재미있게도 이 유전자들의 분포는 대륙마다 다릅니다. 검은 피부는 적도를 따라 나타나지만, 서태평양에서 사는 폴리네시아인과 적도권 아프리카인들의 피부색은 채도와 명도가 다릅니다. 둘 다 흰 피부를 만드는 유전자지만, 북서유럽인들의 피부색 유전자와 동북아시아인들의 피부색 유전자는 같지 않습니다. 같은 위도에 살아도 얼마나 오래전에 이주한 집단이냐에 따라, 그리고 평소 비타민 D를 음식으로 얼마나 충분히 섭취하고 있는지에 따라서 달라지기 때문입니다.

그런데 최근에 흥미로운 연구 결과가 발표됐습니다. 유럽인의 흰 피부를 유발하는 돌연변이는 5000년 정도밖에 안 되었습니다. 이것은 뜻밖입니다. 아프리카를 떠난 인류는 자외선이 급격히 감소하는 빙하기의 유럽에 살게 되면서 비타민 D 합성을 방해하는 멜라닌 색소를 잃어야 했습니다. 그렇다면 흰 피부를 발생시키는 돌연변이는 아프리카를 떠나 유럽에서 살기 시작한 백수십만 년, 적어도 수십만 년 전에 발생해서 퍼졌어야 합니다. 현생 인류가 새롭게 아프리카에서 태어나서 유럽으로 진출했다고요? 그렇다 하더라도 흰 피부의 돌연변이는 적어도 수만 년 전에는 나타났어야 합니다. 5000년은 의외로 최근입니다. 이렇게 늦게 나타난 이유는 농경의 발생과 정착입니다. 농경 이전 시대에는 자외선이 부족한 지역에 살아도 비타민 D를 합성하지 않아도 되었습니다. 비타민 D가 풍부한 식물, 해산물, 고기를 충분히 섭취했기 때문입니다. 그러나 농작물에 의존하는 식생활이 정착되면서 곡류와 전분류에 점점 의존하게 됐습니다. 먹을거리를 통하여 비타민 D를 충분히 섭취할 수 없게 되자 멜라닌을 없애고 자외선을 이용해서 비타민 D를 합성하게끔 하는 돌연변이가 유익하게 된 것입니다.

차단만 한다고 되는 건 아냐

한동안 일광욕이 인기 있던 시절도 있었습니다. 그러나 자외선이 인체에 해롭다는 것이 알려지면서 자외선 차단제 사용이 널리 늘고, 일광욕을 즐기던 사람들은 피부암을 걱정하기에 이르렀습니다. 그러자 반대로 이번에는 자외선 차단제의 남용이 문제가 되었습니다. 2000년대에 미국 보건 당국은 비타민 D 부족증이 위험한 상태에 왔다고 경고했습니다. 지나친 자외선 차단이 원인입니다. 우유, 계란 등 식료품에 비타민 D를 첨가하기 시작한 지도 오래되었습니다. 무엇이든지 지나치면 안 된다는 것을 잘 알고 있으면서도, 어느 정도가 적당한 선인지를 알기란 참 힘들다는 생각이 듭니다.

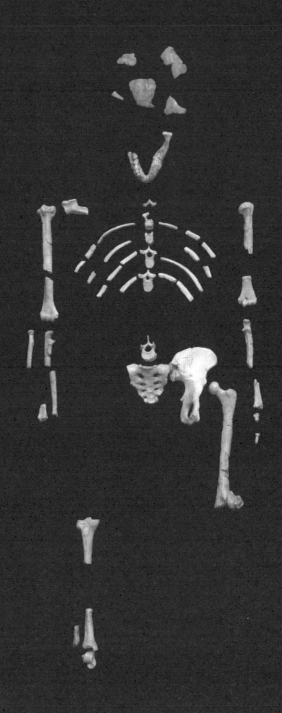

약 330만 년 전에 살았던 오스트랄로피테쿠스 아파렌시스 '루시'의 뼈 화석

8장
할머니는 아티스트

    오래 사는 것은 예부터 축복이자 희망이었습니다. 오래 사는 사람이 몹시 드물었기 때문이죠. 그래서 태어난 뒤 육십갑자를 한 바퀴 돌아 다시 맞게 되는 생일(회갑)은 불과 두어 세대 전까지만 해도 마을 사람들이 모두 모여 축하할 만큼 보기 드문 경사였습니다. 많은 사람들이 회갑 잔치를 보지 못하고 세상을 떴다는 뜻이지요. 하지만 그로부터 겨우 한 세대가 지난 뒤인 20여 년 전부터는, 회갑 잔치가 드물어졌습니다. 회갑 대신 칠순 잔치를 여는 경우가 늘어났습니다.

    지금은 칠순 잔치조차 들어 보기 힘들어졌습니다. 사람들은 다시금 늘어난 수명에 아예 '100세 시대'가 곧 도래하리라는 사실을 낙관하고 기다리고 있는 느낌입니다. 그런데 이렇게 장수가 보편화된 시대의 사회 분위기가 마냥 밝은 것만은 아닙니다. 인류의 오랜 꿈이었던 장수가 사람들에게 축복은커녕 걱정거리가 됐기 때문입니다. 정확히 말하면 노년층 또는 노인이 이런 걱정거리의 전면에 등장하고 있습니다. 수명은 늘었지만 젊었을 때처럼 건강하기는 힘들다는 인식이 마음 깊은 곳에 흐르고 있습니다. '99세까지 팔팔하게 살자.'는 '9988'이라는 구호는 그래서 즐거운 희망의 느낌을 주기보다는, 피할 수 없는 운명임을 명백히 알기에 외치는 절절한 절규의 느낌이 더 강합니다. 하지만 정말 큰 문제는 노인의 건강 문제가 개인 차원의 문제가 아니라는 점입니다. 건강 약자가 된 노인은 필연적으로 젊은 층의 도움을 필요로 합니다. 자연히 사회 경제적인 문제가 제기됩니다. "노년층이 미래의 사회와 경제에 부담을 준다."는 식으로 묘사하는 경우가 심심치 않게 눈에 띄는 이유입니다.

그런데 문득 의구심이 듭니다. 노년은 정말 우리에게 사회 경제적으로 부담만 주는 문젯거리일까요? 혹시 우리는 노년의 한 단면만 보고 다른 면은 보지 못하고 있는 것은 아닐까요?

문제가 돼 버린 '노년'과 진화적 선택

현대 사회에 노년이 증가한 것은 의학의 발달로 예전에 비해 사망률이 낮아졌기 때문입니다. 20세기 초만 해도 출산율과 함께 사망률이 높았기 때문에 평균 수명도 짧았습니다. 특히 유아 사망률이 높았습니다. 태어난 지 몇 달 만에 죽는 아이들이 많았죠. 과거 우리나라에서는 임신을 해도 섣불리 축하하지 않고 아이가 태어나도 100일이 지나서야 잔치를 열었습니다. 이런 문화 행위는 세계 여러 나라의 전통 사회에서도 발견됩니다. 태어나서 첫해(돌)를 지나고 나면 사망률이 낮아집니다. 그러다 젖을 떼는 이유기에 한 번 더 사망률이 높아지고(엄마 젖이 아닌 외부에서 온 음식을 먹기 때문에 병원체의 감염 기회가 늘어납니다.), 이 시기를 무사히 넘겨 청소년기에 도달하면 그제야 비교적 안정적으로 성장을 합니다. 성인이 되면 다시 사망률이 증가합니다. 젊은 여자는 임신 및 출산과 관련한 사망률이 높아지고, 젊은 남자는 사고로 인한 사망률이 증가합니다. 중년이 되면 다시 한 번 사망률이 치솟는데, 이때는 질환이 주요 원인입니다.

이처럼 한 사람이 일생을 사는 데에는 '죽을 고비'가 숱하게 많습니다. 평균 수명이 늘어난다는 것은, 보다 많은 사람들이 이런 숱한 사망 원인을 피해 가며 생존한다는 뜻입니다. 현대 문명은 이런 사망 원인을 크게 줄였습니다. 사고와 전쟁이 줄어들고, 의학의 발달로 질환과 감염이 사망 원인에서 제외돼 갔습니다. 임신과 출산 역시 이전보다 안전해졌습니다. 평균 수명은 증가했습니다.

출산율은 지속적으로 높은데 사망률이 떨어지자 인구가 폭발적으로 늘었습니다. 그리고, 사망률처럼 출산율도 뒤따라서 낮아졌습니다. 현재 대부분의 개발 국가들은 출산율이 극히 낮고 사망률도 매우 낮은, 인류의 진화 역사상 초유의 현상을 경험하고 있습니다. 그 결과 새롭게 맞이한 또 하나의 사회 현상이 바로 노년층의 증가입니다.

물론 단지 현대 문명 때문에 노년층이 늘어난 것은 아닙니다. 사실 노년, 즉 할아버지, 할머니의 수는 문명 이전부터 증가했습니다. 수명은 어느 정도 유전됩니다. 장수하는 가족에서는 장수하는 사람이 많이 나옵니다. 장수에 기여하는 유전자도 여럿 알려져 있습니다. 그렇다면 인류의 장수는 진화의 결과일 가능성이 있습니다.

언뜻 생각해 보면 당연해 보입니다. 오래 사는 게 좋은 것이니까요. 그런데 잘 따져 보면 좀 이상합니다. 어떤 특징이 '진화적으로 유리하다.'는 것은 그 특징이 재생산, 그러니까 자손을 남기는 데 유리하다는 뜻입니다. 그러니까 장수가 진화에 유리하려면 어떻게든 자손을 많이 남기는 데에 도움이 돼야 합니다. 하지만 인간의 여자는 50세를 전후해 폐경을 맞습니다. 배란 주기가 끝나 더 이상 임신과 출산을 할 수 없지요. 자손을 후손에 남길 수 없을 경우, 진화의 '효율'을 생각한다면 굳이 폐경 이후의 상태를 오래 유지할 필요가 없습니다. 실제로 대부분의 동물은 폐경기 이후 인간 여자처럼 오래 살지 않습니다. 하지만 여성은 이 상태로 10~15년은 심신이 모두 건강한 상태로 왕성한 생활을 유지합니다. 동물의 시각으로 본다면 이는 가히 불가사의하다고 말할 수도 있습니다.

이런 모순을 해결하고자 인류학자들은 가설을 세웠습니다. 바로 미국 유타 대학교 인류학과의 커스틴 호크스(Kirsten Hawkes) 교수가 주장한 '할머니 가설(Grandmother Hypothesis)'입니다. "노인들이 간접적으로 자손 번식에 도움을 준다."는 이 가설에 따르면 폐경 이후의 여자(할머니)들은 직접 새로운 자손을 낳지는 않지만, 손주들을 돌보는 방법으로 후손의 생존률을 높입니다. 이를 통해 자신의 유전자를 후세에 전할 가능성이 높아지고 진화에도 유리해지는 것입니다. 특히 딸의 아이들이 잘 클수록 왕성한 경제 활동을 통해 도와줍니다. 이런 적응 체계가 성립하려면, 나이가 들수록 출산율은 감소하는 반면, 체력 등에서는 노화가 늦춰져야 합니다. 이는 여자들이 폐경 후에도 한동안 활동력을 유지하는 실제 관찰 결과와도 잘 일치하는 모습이죠.

시작은 에렉투스? 사피엔스?

진화를 연구하다 보면 현재의 눈으로 보아 당연해 보이는 것이 사실은 놀라운 과정의 결과인 경우가 많습니다. '노년'도 마찬가지입니다. 노년은 특정 시기에 와서야 비로소 존재하게 되었습니다. 할머니 가설은 인간에게 '노년'이 등장한 계기를 진화적으로 설명합니다. 그렇다면 노년은 인류 역사에서 언제 처음 등장했을까요? 할머니 가설을 주장하는 인류학자들은 호모 에렉투스가 처음 등장한 200만 년 전에 처음 나타났다고 봤습니다. 그 근거는 두뇌와 몸의 크기였습니다. 앞에서 이야기했듯, 할머니 가설이 성립하려면 나이에 따라 출산율이 떨어지더라도 체력 등 다른 생활력은 쉽게 떨어지지 않아야 합니다. 그래야 손주를 돌볼 수 있으니까요.

그러자면 아무래도 두뇌와 신체가 점점 커지는 쪽으로 진화했을 가능성이 높습니다. 인류학자들은 두뇌와 몸집이 큰 호모 에렉투스가 이런 조건을 만족한다고 봤습니다. 에렉투스의 큰 두뇌와 체구는 성장이 오랜 시간에 걸쳐 천천히 일어난 결과이며, 그 연장선에서 노화도 지연됐다는 것입니다. 더구나 이 시기에 인류는 뿌리 식물을 채집하기 위한 도구를 발달시켰습니다. 이것 역시 육체적 부담이 큰 활동을 할 수 없는 할머니들이 '손주를 위해' 경제 활동을 한 근거일 가능성이 높습니다.

그런데 할머니 가설에는 큰 문제가 있었습니다. 검증할 수가 없었던 겁니다. 세계 곳곳의 사람들을 실제로 조사해 본 결과, '할머니 역할'을 한 여자들이 그렇지 않은 여자들보다 특별히 많은 자손을 남기지는 않았다는 사실이 밝혀졌습니다. 뼈를 통해 에렉투스의 나이를 측정해 직접 노년 인구를 확인하려는 시도도 있었지만, 더 어려웠습니다. 성장기에 죽은 개체의 화석은 상대적으로 나이를 추정하기 쉽지만, 성장이 끝난 개체는 나이를 추정하기 어렵습니다. 성장기에는 단계마다 뼈와 치아의 변화가 뚜렷합니다. 하지만 일단 어른이 되면 뼈와 치아는 변화가 별로 없습니다. 대신 개인차는 커서 나이 지표로 삼기에 위험이 큽니다. 예를 들어 화석을 통해 관절염을 확인하더라도, 사람에 따라 관절염이 50대에 나타나기도 하고 30대에 나타나기도 하기 때문에 '30세 이상'이라고밖에 구분하지 못합니다. 이렇게 검증이 어려웠기 때문에 할머니 가설은 큰 위기에 빠졌습니다.

그래서 저는 미국 센트럴 미시간 대학교 레이첼 카스파리(Rachel Caspari) 교수와 함께 새로운 방식의 연구를 했습니다. 앞서 설명한 대로, 연령 추측 방법은 어차피 정확하지 않으니 과감히 생략하기로 했습니다. 대신 상대적으로 분명히 구분할 수 있는 범위인 '청년기(young adult)'와 '노년기(old adult)'로 고인류 화석을 나눴습니다. 청년기는 체구의 성장이 끝나고 재생산(임신)이 가능한 때로, 치아 중 '제3대구치(가장 뒤어금니, 사랑니)'가 나온 시점을 기준으로 구분했습니다. 그리고 노년은 청년기보다 치아 마모도가 2배 닳은 시점으로 정했고요. 예를 들면 이런 식입니다. 18세가 돼 제3대구치가 나온 사람이 있습니다. 제 연구팀의 기준으로는 '청년'이 된 셈이지요. 아이를 낳았을 것이고, 그 아이가 다시 18세가 됐을 때 즈음에는 손주를 봤을 것입니다. 이게 청년기의 대략 2배를 노년으로 정의한 이유입니다. 측정이 불가능한데도 굳이 오차를 감수해 가며 구체적인 나이를 측정해 연구의 신뢰성을 떨어뜨리느니, 차라리 이게 더 자료의 특징에 부합하는 솔직한 연구라는 입장이었습니다.

저와 카스파리 교수는 모두 768개체의 고인류 치아 화석을 모았습니다. 여기에는 오스트랄로피테쿠스(파란트로푸스 포함)와 호모 에렉투스, 네안데르탈인, 그리고 유럽 후기 구석기인(European Upper Paleolithic, 호모 사피엔스)이 섞여 있었습니다. 그런 뒤 이들 각각을 종별로 분류하고, 다시 각각의 집단에서 청년층과 노년층의 비율을 계산해 비교했습니다. 청년의 수에 비해 노인의 수가 어떤 집단에서 증가했는지 보기 위해서입니다.

그 결과 놀라운 사실이 드러났습니다. 호모 에렉투스 시절부터 노년기의 삶이 보편화됐다는 할머니 가설의 허점이 발견된 것입니다. 우선 인류의 진화 역사 전반에서 노년층의 비율이 점점 늘어난 것은 사실이었습니다. 청년 수에 대한 노년 수의 비율을 우리는 'OY 비율'이라고 이름 붙였습니다. 이 비율이 1이면 청년의 수와 노년의 수가 같다는 뜻이고, 1보다 크면 노년이 더 많다는 뜻이 되지요. 작으면 청년이 더 많고요. 이 비율은 오스트랄로피테쿠스 이후 지속적으로 증가했습니다. 오스트랄로피테쿠스(약 400만 년 전 등장)보다 호모 에렉투스(200만 년 전)에서 더 커졌고, 네안데르탈인(약 20만 년 전 등장)에서는 더 높아진 식으로요.

하지만 가장 급격한 증가가 일어난 시기(이 시기가 노년이 처음 탄생한 때라고 볼 수 있습니다.)는 호모 에렉투스 때가 아니었습니다. 후기 구석기인(현생 인류) 때였습니다. 사실 아무리 증가했다고 해도, 오스트랄로피테쿠스 때부터 네안데르탈인까지는 OY 비율이 1을 넘지 못했습니다. 노년의 인구가 청년 인구에 미치지 못했다는 뜻입니다. 그런데 후기 구석기인들에게서는 이 비율이 2가 넘었습니다. 노년 비율이 청년의 2배가 넘을 정도로 폭발적인 증가가 일어난 것입니다.

우리는 예상을 빗나간 분석 결과에 놀랐습니다. 그래서 후기 구석기 시대에 분묘 유적이 증가했다는 점을 고려해, 분묘 유적에서 발견된 인골 자료를 제외하고 다시 분석해 봤습니다. 혹시 늘어난 분묘 행위 때문에 노년 인골이 더 많이 발견된 것은 아닌지 의심한 것입니다. 그러나 결과는 마찬가지였습니다.

인류는 호모 에렉투스가 아닌, 그보다 200만 년이나 지난 후에 현생 인류의 시대가 되어서야 수명이 본격적으로 길어졌고, '할아버지, 할머니가 있는 삶'이 보편화됐습니다.

문화와 예술을 꽃피운 노년

재미있게도 우리 현생 인류가 주인공인 시대인 후기 구석기 문화는 이전까지의 인류 문화와 혁명적으로 다릅니다. 이전에는 보이지 않던 암각화 등의 예술과 상징 문화가 꽃을 피우기 시작했습니다. 이때 노년층의 비율이 폭발적으로 증가했다는 것은 단순히 우연일까요? 저는 인과관계가 있다고 봅니다. 예술과 상징은 추상적 사고와 연결됩니다. 또 정보를 함축적으로 전달하는 실제적인 기능도 있지요. 예술과 상징이 늘어났다는 건 이 시기에 그만큼 정보의 전달이 중요해졌다는 뜻입니다.

노년은 바로 이렇게 정보가 늘어난 시대와 관련이 있습니다. 한 사람이 손주를 볼 때까지 살면 세 세대가 같은 시대를 공유하게 됩니다. 두 세대가 같은 시대를 사는 것에 비해 오랜 기간 정보를 모으고 전달할 수 있지요. 만약 두 세대가 50년 정도를 공유한다면, 세 세대는 75년 동안 일어난 정보를 공유할 것입니다. 이렇게 노년은 정보의 생산과 전달, 공유가 늘어나게 된 실질적인 계기였습니다. 그리고 그 결과 예술과 상징의 탄생에 큰 역할을 했을 가능성이 높습니다.

마지막으로 한 가지 흥미로운 이야기를 덧붙이고 이 장을 마칩니다. 후기 구석기 시대 이후 현대까지, 평균 수명과 노년층의 수는 계속 늘었습니다. 하지만 하나 변하지 않은 중요한 사실이 있습니다. '같은 시대를 사는 세대의 수'는 변하지 않았다는 사실입니다. 과거 평균 수명이 50세이던 시대에도 할머니, 할아버지는 손주가 어느 정도 클 때까지 살아 있었습니다. 즉 3대가 함께 살았습니다. 그 이후 수명이 대폭적으로 증가했습니다. 이 추세를 고려하면 평균 수명이 75세가 된 지금은 증손주가 클 때까지 증조부모가 살아 있어야 합니다. 다시 말해 4대가 공존해야 하죠. 그런데 실상은 그렇지 않습니다. 오히려 어떤 사람들은 칠순이 되도록 증손주는커녕 손주를 보기도 힘듭니다. 예전에 비해 결혼과 출산 연령이 올라갔기 때문입니다.

100세 시대가 눈앞으로 다가왔지만 인류는 여전히 세 세대가 같은 시대를 사는 후기 구석기 시대의 가족 구성을 유지하고 있습니다. 어떻게 보면 우리는 과거보다 '오래' 살게 된 게 아닐지도 모릅니다. 우린 그냥 '느리게' 살게 된 건 아닐까 생각하게 됩니다. '슬로우 라이프' 시대가 도래한 것입니다.

얼마나 오래 살 수 있을까?

100세 시대를 맞았다고 해서, 우리가 생물학적으로 더 오래 살게 된 것은 아닙니다. 사고나 병 등 외부 요인에 의해서가 아니라 순전히 노화로 죽음을 맞이할 때, 이를 '절대 수명(lifespan)'이라고 합니다. 아무리 의학이 발달해도 절대 수명에는 한계가 있습니다.

인간의 절대 수명은 얼마일까요? 정확히 알 수 없지만 적어도 최고령의 기록과 같거나 그보다 많을 것입니다. 현재 절대 수명에서 최고령 기록을 보유한 사람은 1997년 122세의 나이로 사망한 프랑스의 잔느 칼망(Jeanne Calment, 1875~1997년) 할머니입니다. 그리고 칼망 할머니를 제외한 최고령 기록 보유자 상위 100위까지의 나이를 보면 모두 114~119세 사이에 있습니다. 이 가운데 2015년 현재까지 아직 살아 있어서 개인 기록을 깰 수 있는 경우는 8명뿐입니다(2015년 5월 23일 위키피디아 자료 기준.). 의학이 아무리 발달해도 절대 수명 자체가 늘어나지는 않는다는 간접적인 증거입니다. 100세 시대는 그러니까, 절대 수명이 연장된 게 아니고, 노년까지 살아남은 사람들이 많아진 시대입니다. 다시 말해 '인구 내 노년 인구의 비율'이 증가한 현상인 셈입니다.

리키 부부가 호모 하빌리스의 손뼈를 발굴한 아프리카 탄자니아의 올두바이

9장
농사는 인류를 부자로 만들었을까?

　동서양을 막론하고 농경은 '풍요'를 의미했습니다. 우리나라에서도 '농자천하지대본'이라고 해서 중요하게 여겼죠. 수백만 년 동안 자연환경이 주는 대로 먹을 것을 찾아 먹던 인류는 약 1만 년 전부터 식물을 재배하고 동물을 가축으로 만들어서 먹을거리를 만들어 내기 시작했습니다. 그때부터 '행복한' 생활이 시작됐죠. 하루 내내 먹을거리를 찾아 헤매도 겨우 입에 풀칠하는 정도가 '미개인'의 삶이었다면, 농경민의 삶은 쉬엄쉬엄 취미 삼아 일해도 배불리 먹을 만큼 풍족한 삶이었습니다. 일하지 않아도 되는 시간이 늘어나면서 취미 생활을 여유롭게 즐길 수 있게 됐습니다. 돌아다니지 않아도 되니 모여 살 수 있게 됐습니다. 풍요로우니 병에도 걸리지 않고 건강한 몸으로 오래 살게 됐습니다. 여유롭고 한가한 생활 속에서 화려한 도시 문명이 꽃을 피웠습니다. 다 농경 덕분이라고, 우리는 그렇게 생각했습니다.

하지만 착각이었습니다. 지난 반세기 동안 인류학자들이 수집한 자료는 농경에 대해 품고 있던 우리의 생각을 완전히 무너뜨렸습니다.

농경이 풍요와 건강, 장수를 가져다주었다?

인류학자들은 농사를 짓지 않는 '미개인'들과 몇 년 동안 같이 살면서 연구해 봤습니다. 1960년대에 미국 하버드 대학교가 중심이 돼 이뤄진 칼라하리 연구 프로젝트(Kalahari Research Project)를 필두로 1950년대부터 1970년대까지 칼라하리 사막 주변의 민족지 연구가 활기차게 진행되었습니다. 이 연구의 결과로 인종 차별적이고 단편적인 정보가 퍼진 것도 사실입니다(예를 들면, 콜라병을 둘러싼 이야기를 토대로 만든 코미디 영화 「부시맨(The Gods Must Be Crazy)」(1980년)이 있지요.). 그러나 칼라하리 사막의 민족지 집단인 !쿵(!Kung) 족을 대상으로 한 연구를 통해 수렵 채집 생활에 대한 이해가 본격적으로 축적되기 시작했고 놀라운 사실들이 밝혀졌습니다. 그들의 생활은 생각보다 훨씬 윤택했습니다. 하루 종일 놀고먹기만 해도 될 정도는 아니지만, 적당히 일하고 적당히 놀수 있는 생활이었습니다. 굶주림 속에서 하루 종일 먹을 것을 찾아 헤매지도 않고, 영양실조와 전염병과 같은 질병은 거의 없었습니다. 농사를 짓지 않는다고 척박하고 힘든 생활을 하는 것은 아니었습니다.

그렇다면 원래 윤택했던 삶이 농사를 짓기 시작하면서 더 윤택해진 걸까요? 딱히 그렇지도 않습니다. 오히려 농사를 짓기 이전에는 건강했던 사람들이, 농경민이 된 이후에 여러 가지 질병과 영양실조를 겪었다는 사실이 사람 뼈 화석 연구 결과 드러났거든요.

사람의 뼈와 이빨을 보면 그 사람의 성장과 질병에 대해 알 수 있습니다. 성장기에 충분한 영양을 섭취하지 못하면 제대로 자라지 못하는데, 그게 고스란히 흔적을 남깁니다. 가장 잘 알려진 예는 '에나멜질 형성 부전(enamel hypoplasia)'이라는 증상입니다. 영구치가 만들어져야 하는 어린 시기에 영양 부족으로 치아의 에나멜(법랑)질이 제대로 만들어지지 못하는 증상입니다. 치아 표면 에나멜에 골이 패이지요. 치아는 한 번 만들어지면 평생을 갑니다. 따라서 이 증상을 보이는 사람은 에나멜질을 제대로 만들지 못한 치아로 평생을 살게 됩니다. 인류학자들이 조사를 해 보니, 농경을 시작한 집단의 치아에서 에나멜질 형성 부전이 눈에 띄게 늘어났습니다. 심각한 영양 부족 상태는 오히려 농경을 시작하면서부터 나타났습니다.

몸의 크기도 마찬가지였습니다. 팔뼈나 다리뼈의 길이를 재 봤더니, 농경을 시작한 집단에서 오히려 더 작았습니다. 몸집이 왜소해진 것입니다. 역시 굶주림과 영양실조 때문이라고 추정하고 있습니다.

농업이 시작되고 풍요로운 식생활이 시작됐다는 생각은 잘못된 생각입니다. 농사를 지으면서 오히려 영양은 부족해지고 건강은 형편없게 변했습니다. 심지어 이런 경향은 오늘날의 사례에서도 여지없이 드러납니다. 아프리카의 여러 나라에서 영양실조에 걸려 배가 잔뜩 부푼 어린이들을 사진으로 본 적이 있죠? '콰시오커(kwashiorkor)'라는 증세입니다. 그런데 이 병은 우리의 상식과 달리 단지 칼로리 섭취가

적을 때 생기는 병이 아닙니다. 오히려 칼로리는 많이 섭취하지만 단백질 섭취는 부족할 때 생기는 병입니다. 쉽게 이야기하면, 매일 밥이나 죽만 먹을 때 생기는 병입니다. 이 병은 그대로 방치하면 대단히 치명적입니다. 공교롭게도 칼로리와 단백질이 모두 부족한 일반적인 영양실조가 차라리 덜 위험할 정도라고 합니다.

먹을거리를 손으로 직접 지어서 땅에서 거두는데 왜 이런 일이 일어날까요? 농업은 다양한 곳에 투자하지 않고 한두 개의 회사 주식에만 '올인'하는 주식 투자와 비슷합니다. 대박이 나면 풍성한 수확을 거둬 모두 배불리 먹을 수 있습니다. 그러나 자연 재해 등으로 농사를 망치면 다음 해 내내 고픈 배를 부여잡고 일할 수밖에 없다는 단점이 있지요. 반면 농경 이전의 채집 생활을 하는 사회에서는 넓은 지역을 돌아다니면서 다양한 먹을거리를 채집하고 사냥했습니다. 그래서 특정한 먹을거리가 떨어져도 다른 먹을거리로 대체할 수 있었죠. 배 터질 정도로 먹는 경우는 드물었지만 그렇다고 굶주리는 경우도 거의 없었습니다.

농경 이후 인류가 더 건강해졌다는 것도 사실과 다릅니다. 오히려 질병이 늘어났습니다. 충치와 풍치를 예로 들어 볼까요? 농경 사회에서는 주식인 곡물에 물을 부은 뒤 익혀서 부드럽게 만들어 먹습니다. 우리가 밥을 짓는 모습을 떠올리면 되죠. 그런데 이런 식생활은 단단한 음식을 먹을 때보다 충치를 일으킬 확률이 높습니다. 양치질과 치과 치료가 보편화된 요즘은 충치가 별로 대수롭지 않게 느껴지지만, 그렇지 못한 사회에서는 대단히 고통스러운 병입니다. 염증이 퍼지면

풍치가 돼 이가 빠지기도 하고, 잇몸에서 시작된 감염이 온몸으로 번져 치명적인 상태를 만들기도 하지요. 고통도 심하고요.

농경의 필수 조건인 정착 생활은 전염병에도 취약했습니다. 땅에 묶인 신세가 됐으니, 병이 돌아 주변 사람이 죽더라도 쉽게 그곳을 떠날 수가 없어졌습니다. 게다가 밀집해 생활하기 때문에 한 번 병이 돌면 온 마을이 쓰러지고 이웃 마을로까지 번지는 일이 허다해졌습니다. 이동 생활을 할 때에는 몇 가족만 희생되면 끝났지만, 이젠 최소 수십 가구가 위험해진 것입니다.

군집 생활은 단순히 감염이 쉬워진 것 이상의 의미를 갖습니다. 집 건너 집으로 끊임없이 새로운 환자가 나타나는 '풍요로운' 환경을 맞자 병원체는 전에 없던 특이한 적응을 했습니다. 병원성이 더 강해진 것입니다. 이전의 병원체는 숙주를 죽이지 않고 오래 같이 사는 전략을 택했습니다. 그래야 자신도 살 수 있으니까요. 만약 숙주가 덜컥 죽어 버리면 거기에 사는 병원체도 살 수가 없습니다. 그러니 독성을 약하게 해 병에 걸린 사람이 잘 죽지 않도록 하는 게 중요했습니다. 하지만 새로운 환경에서는 그럴 필요가 없었습니다. 숙주를 죽여도 바로 근처에 새로운 숙주가 계속 공급됐습니다. 병원체는 이제 숙주를 죽여도 될 정도의 강력한 병원성을 지니게 됐습니다. 여기에 농사를 짓기 위하여 도입한 동물(가축)도 가세했습니다. 동물이 지녔던 병 중 일부가 사람에게 옮겨와 새롭게 퍼졌습니다. 이제 인류는 강력한 질병의 공세에 끊임없이 시달리게 됐습니다.

인구 증가라는 대반전과 그 그늘

여기까지만 보면, 인류는 농업을 하면서 오히려 인구가 크게 줄어들었어야 할 것 같습니다. 그런데 이상한 현상이 벌어졌습니다. 오히려 반대로 인구가 급증한 것입니다.

이것은 죽는 사람이 줄어들었기 때문이 아닙니다. 질병이 늘었으니 오히려 사망률이 증가했을지도 모르지요. 이유는 죽는 사람들보다 훨씬 더 많은 사람들이 태어났기 때문입니다. 그리고 여기에 농업이 지대한 공을 세웠습니다.

수렵 시대에는 4~5년마다 아기를 낳았습니다. 아기가 자라 걷게 될 때쯤에 다시 아기를 낳아야 엄마가 손을 덜 들이고 아기를 키울 수 있거든요. 두 명의 아기를 동시에 안고 키우는 것은 보통 어려운 일이 아닙니다. 현대 의학이 제공하는 피임 기법을 모르면서도 어떻게 터울 조정을 했을까요? 자연 상태에서의 터울 조정은 이유 시기에 의존하는 경우가 많습니다. 여자는 집중적으로 수유를 하는 동안에는 수유를 관장하는 호르몬이 배란을 억제하기 때문입니다(이를 젖 분비 무월경(lactational amenorrhea)이라고 합니다.). 아기에게 젖을 떼고 더 이상 젖을 만들지 않게 돼 수유 호르몬이 줄어들면, 여자는 자연스럽게 배란과 월경 주기를 다시 시작합니다. 농경 생활을 하지 않는 민족지 집단의 경우 보통 3~4년 동안 수유를 합니다. 그리고 이유를 한 다음 다시 아이를 갖게 됩니다. 그래서 터울이 4~5년이 됩니다. 그런데 곡식을 중심으로 하는 식생활이 자리 잡으면서 이유식이 탄생했고 모든 게 바꿰었습니다. 아기는 엄마 젖 대신에 죽과 미음을 먹을 수 있게 됐습니다. 그 결과 아기는 보다 빨리 엄마 품에서 떨어질 수 있었고 엄마는 곧 동생을 낳을 준비를 했습니다. 이제 엄마는 2년 터울로 아이를 낳아도 충분히 키울 수 있게 됐습니다.

출산율이 급증하면서 인구가 급속히 늘었습니다. 이것은 어쨌든 정착 생활과 농업, 요리의 공이 분명합니다. 진화 생물학에서는 생물의 개체 수 증가를 그 생물의 성공적인 적응과 연결 짓습니다. 성공적인 진화를 했다는 것은 적응과 재생산에 성공하여 많은 후손을 남겼다는 뜻입니다.

그렇다면 인구 증가를 가져온 농경은 결국 인류를 성공으로 이끌었다는 이야기일까요? 마냥 좋아하기엔 이릅니다. 급증하는 인구는 또 다른 비극을 낳았거든요. 많은 인구를 먹여 살리기 위해 더 큰 농경지가 필요해졌습니다. 농경지는 한정돼 있고, 자연히 인류는 점점 큰 땅을 차지하기 위해 대규모 전쟁을 벌였습니다. 전쟁은 사망률을 높였습니다. 사망률이 높아지자 전쟁에 내보낼 수 있는 사람도 땅을 일굴 수 있는 사람도 줄었습니다. 자연히 더 많은 아기를 낳을 필요가 생겼습니다. 이제 여자들은 아이를 업은 상태에서 다시 임신을 하고, 그 몸으로 밭을 매며 삶의 대부분을 보내게 됐습니다.

이런 과정을 거치며 농경 사회는 고도로 복잡하고 세세하게 나뉜 계급 사회가 됐습니다. 또 도시, 국가 그리고 화려한 문명을 이뤘습니다. 하지만 의문이 듭니다. 농사를 짓게 되면서 사람들은 과연 풍요로운 삶과 더 가까워졌을까요? 오히려 거리가 더 멀어진 건 아닐까요? 얼마 전에 타계한 조지 아멜라고스(George Armelagos) 미국 에머리 대학교 인류학과 교수는 이런 의문을 품은 대표적인 학자입니다. 그가 "농경은 인류 역사에서 가장 큰 잘못"이라고 평한 것은 이런 회의 때문일 것입니다.

유전학으로 다시 평가 받은 농경 문화

이렇게 농경은, 흔히 생각하는 것과 달리 인류에게 이롭기만 했던 것은 아닙니다. 하지만 그렇다고 인류에게 무조건 '잘못된 만남'이기만 했던 것도 아닙니다. 특히 유전학의 발달은 우리에게 그동안 몰랐던 농경의 숨은 가치를 다시 일깨워 줍니다. 바로 유전자의 다양성입니다. 농경 덕분에 인구가 폭발적으로 늘자, 진화의 원동력인 유전자 다양성 역시 폭발적으로 늘어난 것입니다.

일반적으로 돌연변이는 어딘가 부정적인 느낌을 주는 단어입니다. 그러나 꼭 그렇지는 않습니다. 다양한 특징 중에 선택되어 많은 수를 후대에 남기는 것이 진화의 현대적인 정의입니다. 그러니 다양한 특징을 가져오는 돌연변이는 진화의 기본 재료가 되지요. 돌연변이는 무작위적으로 일어납니다. 가령 1000명 중 하나꼴로 돌연변이가 일어난다면 1만 명 중에 무작위적으로 일어나는 돌연변이는 10개가 됩니다. 농경으로 인해 인구가 늘어나면 그에 따라 돌연변이의 수도 늘게 되면서 다양성이 증가하고, 따라서 진화의 재료가 풍부해집니다. 그 결과 진화 역시 활발하게 진행됩니다. 오늘날 우리가 세계에서 볼 수 있는 인류의 무궁무진한 다양성은 결국 농경이 그 기원이라고 할 수 있습니다.

농경의 발달이 유전자 다양성을 늘렸다는 것은, 인류 문명에서 대단히 큰 의미를 갖는 사건입니다. 농업이라는 '문명'이, 인류의 진화에 직접 영향을 미친 사례이기 때문입니다. 오랫동안 사람들은 문명과 문화가 발달하면 진화는 멈춘다고 생각했습니다. 하지만 반대로 문명과 문화의 발달, 그리고 인구 증가의 영향으로 인류의 진화가 빠른 속도로 진행됐다는 사실을 알게 되었습니다(22장 '인류는 지금도 진화하고 있다' 참조).

오늘날, 인류는 또 하나의 문화적 현상을 마주하고 있습니다. 바로 '노령 인구의 증가'라는 전에 없던 현상입니다. 문화가 인류 진화에 영향을 미친다면, 분명 지금의 노령 사회도 어떤 식으로든 우리의 진화를 새로운 양상으로 이끌 것입니다. 인류는 과연 이 새로운 현상에 어떻게 대응할 수 있을까요? 계속될 인류 진화의 역사가 기대됩니다.

10장
베이징인과 야쿠자의 추억

2009년 가을이었습니다. 저는 호모 에렉투스의 일종인 '베이징인 (Peking Man)' 발견 80주년 기념 학회에 초대 받아 중국 베이징에 갔습니다. 논문 발표가 끝나고 베이징인 화석이 발견된 베이징 시의 남서쪽 저우커우뎬(주구점) 동굴을 방문할 기회가 있었습니다. 동굴을 둘러보며 새삼스러운 감회에 사로잡혔죠. 고인류학 역사에서 빼놓을 수 없는 중요한 유적이기 때문만은 아닙니다. 그로부터 10년 전, 이상한 이메일을 받았던 생각이 났기 때문입니다. 일본의 조직 폭력배 야쿠자 내부로 잠입하자는 내용의 메일이었습니다.

일본 도쿄 남쪽 가나가와 현 하야마에서 박사 후 연구원 생활을 하고 있을 때였습니다. 어느 날 모르는 사람에게서 메일을 받았습니다. 그는 야쿠자를 조사하는 데 평생을 바친 기자라고 자신을 소개했습니다. 그러더니 바로 다음 주에 야쿠자 입회식이 있는데 그곳에 자신과 함께 잠입하자고 했습니다. 왜 고인류학자인 제게 야쿠자 입회식에 가자고 한 건지 처음엔 어리둥절했습니다. 하지만 메일을 읽으며 차차 상황이 파악되기 시작했습니다. 기자가 입수한 정보에 따르면, 그 입회식에는 비밀리에 베이징인의 원본 화석이 등장할 예정이었습니다. 기자에게는 그 화석이 진짜 베이징인 화석인지 확인할 전문가가 필요했던 것입니다. 호기심이 발동했습니다. 사실이라면 고인류학 역사에 길이 남을 만한 일이었습니다. 수십 년 동안 미궁에 빠져 있던 수수께끼가 풀릴 수도 있는 일이었습니다.

'야쿠자의 본거지에 잠입하려고 합니다.'

베이징인 화석은 1920년대에 저우커우뎬에서 발견된 일련의 고인류 화석입니다. 19세기 말 인도네시아 자바에서 발견된 '자바인'과 함께 동아시아에도 호모속의 인류가 있었다는 사실을 밝혀 준 역사적인 화석이지요. 어금니 한 점으로 시작된 발굴 조사는 1937년 일본의 중국 침략 때까지 이어졌습니다. 그리고 제2차 세계 대전이 한창이던 1941년, 전쟁이 끝날 때까지 화석을 안전하게 보관할 목적으로 미국으로 운송하던 도중 베이징 동쪽의 보하이만 친황다오 부두에서 홀연히 사라졌습니다.

그 후 베이징인의 화석 원본을 되찾기 위한 고인류학자들의 추적이 시작됐습니다. 화석이 어디 있는지에 대해 여러 가지 가설이 제기됐습니다. 미국 중앙 정보국(CIA)에서 가지고 갔다는 이야기, 중국 정부가 가지고 갔다는 이야기가 나왔습니다. 2012년에 발표된 논문에 따르면 어린 시절 이 화석을 담은 상자를 마지막으로 봤다는 사람이 나타나 중국이 떠들썩하기도 했습니다. 목격자는 유명한 과학자에게 연락했고, 과학자는 조사 결과 화석 상자가 당시 폭격으로 대부분이 파괴됐을 가능성이 높다는 결론을 내렸습니다. 다만 만에 하나 파괴되지 않았다면, 지금은 항구로 개발된 지역의 길 아래에 파묻혀 있을 수도 있다는 말로 여운을 남겼지요. 물론 가능성이 희박해 항구를 뜯어내며 발굴하지는 않을 거라고 했습니다. 이 이야기는 미국 국립 지리학 협회(National Geographic)와 중국 정부가 조사를 지원할 정도로 큰 관심을 끌었습니다.

일본의 야쿠자가 가져갔다는 이야기도 이런 '설'의 하나입니다. 따라서 기자의 이야기가 사실인지 아닌지 확인하는 것도 인류학자의 입장에서는 대단히 중요한 일이었지요. 수십 년 동안의 미스터리를 푸는 일에 동참할 수 있다니 떨리기도 했습니다. 저는 미국에 계신 지도 교수께 상의 메일을 보냈습니다. 바로 답장이 날아 왔죠. "절대 안 돼!" 아니나 다를까 반대였습니다. 위험천만한 일이라면서 극구 만류하는 지도 교수의 뜻을 거스를 수 없어, 기자에게 거절의 메일을 보냈습니다. 태평양 건너 계시던 지도 교수의 뜻을 거스르지도 못할 정도로 바늘귀만 한 배짱을 가지고 있었으니, 야쿠자 입회식 잠입이라는 것은 애당초 감당할 수 없는 일이었는지도 모르겠습니다.

불을 지배한 강인한 인류?

사라진 베이징인 화석은 아직도 발견되지 않았습니다. 그렇다고 연구가 중단된 것은 아니었습니다. 독일의 해부학자 프란츠 바이덴라이히(Franz Weidenreich)가 남긴 화석의 복제본이 있었거든요. 이 복제본은 원본을 대신할 수 있을 만큼 정교하고 완벽했습니다. 덕분에 많은 학자들이 베이징인의 생활 모습에 관해 흥미로운 연구를 계속할 수 있었습니다. 연구로 밝혀진 베이징인, 호모 에렉투스의 모습은 지금의 인류와 비슷했습니다. 베이징 근처는 지금도 춥고 살기 힘든 지역입니다. 50만 년 전에는 심지어 빙하기였습니다. 훨씬 더 살기 척박했지요. 그래서 이곳에서 살아남기 위해 베이징인은 '문화적으로' 적응을 해야 했습니다. 불을 피우고 따뜻한 털옷을 만들어 입으며 견딘 것이지요. 실제로 저우커우뎬 동굴 안에서는 불을 피우고 난 흔적인 재가 둥근 형태로 발견됐습니다. 다양한 동물 뼈와 석기도 발견됐죠. 눈보라 치는 산속, 그 한가운데에 있는 따뜻한 동굴 속에서 불을 지피고 빙 둘러앉아, 고기도 구워 먹고 언 몸을 녹여 가면서 두런두런 이야기를 나누는 사람들의 모습이 떠오르지 않나요? 저우커우뎬의 에렉투스 화석 인류는 이렇듯 '인간적인' 모습을 보였다고 생각됐고, 이런 인상은 사람들의 뇌리에 강하게 박혔습니다.

반론: 어쩌다 북상한 약한 남방인?

하지만 베이징인의 생활 모습은 최근 크게 바뀌고 있습니다. 에렉투스 시기의 화석이 전 세계적으로 발견되고, 중국에서도 계속 화석이 발견되면서부터입니다. 특히 공격을 많이 받은 것은 '불을 지배했는지' 여부였습니다. 불의 흔적이 있었던 것은 틀림없습니다. 하지만 불씨를 관리하고 필요할 때마다 불을 지폈는지, 아니면 우연히 어딘가에 불이 붙었을 때 그 기회를 틈타 요리를 하고 곁불을 쪼였는지는 알수 없습니다. 둘 중 어느 쪽이냐에 따라 베이징인의 이미지는 천지 차이로 바뀝니다. 불을 원할 때마다 지펴 쓸 수 있었다면, 자유자재로 불을 지배했다면, 그만큼 지금의 인간의 모습에 가까워지지요.

특히 뉴욕 대학교 인류학과 수잔 안톤(Susan Antón) 교수가 밝힌 내용은 흥미롭습니다. 베이징인이 저우커우뎬에 살았던 때는 빙하기 중 추웠던 기간인 아빙기(stadial)가 아니라, 조금 따뜻했던 아간빙기(interstadial)였다는 것입니다. 더구나 이곳에서 발견된 베이징인은 호모 에렉투스의 대표적인 화석이 아니라 특이하고 예외적으로 생긴 화석이라고 했습니다. 다시 말해 베이징인은 어쩌다 저우커우뎬에 흘러들어온 외지의 호모 에렉투스라는 뜻입니다. 중국 호모 에렉투스의 대표 자리를 수십 년 동안 굳게 지켜 온 베이징인이 사실은 그 당시를 대표할 만한 집단이 아닐 가능성이 있다고 하니, 참으로 역설적입니다. '대표성을 상실한 대표'의 문제는 어제오늘의 일만은 아닌 모양입니다.

그렇다면 이 에렉투스는 누구일까요? 현재 아시아 대륙에 살고 있는 현생 인류(호모 사피엔스)는 내륙을 중심으로 한 북방인과 해안선을 따라 분포하는 남방인의 두 집단으로 나뉩니다. 호모 에렉투스도 마찬가지였을 것입니다. 그럼 베이징인은 둘 중 어느 집단에 해당했을까요? 춥디추운 한겨울의 날씨가 계속되는 빙하기를 털옷과 불로 현명하게 견딘 북방인이었을까요, 아니면 비교적 따뜻한 아간빙기를 틈타 어쩌다 추운 동북아시아 내륙까지 들어온 남방인이었을까요? 기존의 상식은 북방인의 손을 들어 줬지만, 안톤 교수의 연구 결과는 남방인일 가능성을 조심스레 보여 주고 있습니다.

물론 아직 확실한 것은 아무것도 없습니다. 어느 쪽의 주장도 아직 정확한 증거로 뒷받침되지 않았기 때문입니다. 확실하다고 생각했던 베이징인의 모습은 그 원본 화석만큼이나 수수께끼에 빠져들고 있습니다. 어떤 생각도 절대적인 진리가 될 수는 없나 봅니다.

미궁에 빠진 원본 화석

마지막으로 일본인 기자가 쫓던 베이징인 화석 원본이 어떻게 됐을지 이야기하며 글을 마쳐야겠습니다. 나중에야 야쿠자가 얼마나 무서운 존재인지 들은 저는 겁이 덜컥 났습니다. 그래서 이 일과 관련이 있던 메일을 모두 지웠습니다. 지금은 이름조차 기억나지 않는 그 기자와 연락을 끊은 것은 물론이고요. 나중에라도 베이징인 화석이 일본에서 발견됐다는 이야기를 못 들은 것으로 봐서는 잠입에 실패했거나, 아니면 잘못된 정보였으리라 추측할 뿐입니다. 이렇게, 야쿠자를 습격할 뻔했던 사건은 싱겁게 막을 내리고 말았습니다.

10년이 지나, 저우커우뎬 동굴에 선 저는 이 모든 사실을 회상하면서 아련한 생각에 사로잡혔습니다. 역사적인 베이징인 화석은 어디에 있을까요? 정말 야쿠자 입회식을 지켜보고 있었던 것은 아닐까요? 미국으로 갔을까요? 최근의 소동대로 항구의 도로 아래에 묻힌 채 전쟁의 폭격과 이어지는 중국의 급속한 경제 개발을 쓸쓸히 지켜보고 있을지도 모르겠습니다. 어디에 있든, 까마득한 50만 년 전 동아시아 대륙을 뛰어다녔던 베이징인의 화석은 지금 고향을 그리워하고 있을지도 모르겠다는 생각이 문득 듭니다. 어쩌면 동족 중 가장 먼 거리를 여행한 호모 에렉투스로서 말이지요.

'얼굴 없는' 베이징인과 식인 풍습

베이징인에 대한 상상 중에는 무서운 것도 있었습니다. "먹을 것이 항상 모자랐기 때문에 때로는 다른 사람을 죽여서 먹었다."는 것입니다. 이런 생각에는 이유가 있습니다. 베이징인의 화석 중에는 얼굴이 없는 화석이 많았습니다. 베이징인뿐만 아니라 아시아에서 발견된 화석은 대개 두뇌를 둘러싼 머리통의 윗부분만 남아 있을 뿐 얼굴이 보이지 않습니다.

원래 얼굴뼈는 작고 얇아서 부서지기 쉽기 때문에 화석으로 남아 있기가 힘듭니다. 하지만 그렇다고 베이징인처럼 극단적으로 드물지는 않습니다. 유럽과 아프리카의 인류 화석은 얼굴이 많이 남아 있습니다. 그럼 아시아에서 발견된 인류 화석은 왜 얼굴이 없을까요? 정말 식인 풍습 때문이었을까요? 눈바람이 휘몰아치고 얼음으로 뒤덮인 추운 산골짜기에서, 오로지 살아남기 위해 다른 사람을 먹었을까요?

　그러나 식생활로서 식인 풍습은 유지할 수 없다고 이야기한 적이 있습니다 (1장 '원시인은 식인종?' 참고). 따라서 아마 다른 이유가 있을 것입니다. 한편 식인 풍습과 별개로, 베이징인은 지독하게 공격적이었다는 주장도 있었습니다. 베이징인 화석은 머리뼈가 두꺼운 편이었는데, 이것은 베이징인이 서로 치고 받고 싸우는 생활에 적응하는 과정에서 일어난 일이라는 것이지요. 하지만 비슷한 시기의 인류 화석이 전 세계에서 발견되면서, 두꺼운 머리뼈는 아시아에서만 나타나는 것이 아니라 세계 곳곳에서 발견된다는 사실이 밝혀졌습니다. 베이징인이 식인을 했다거나 서로 격렬하게 싸웠다는 생각은 모두, 지금은 받아들여지지 않고 있습니다.

호모 하빌리스가 뼈 깨는 데 사용했을 것으로 추정되는 올도완 석기

11장
아프리카의 아성에 도전하는 아시아의 인류

세계에서 가장 높은 빌딩은 아랍에미리트의 두바이에 있는 830미터 높이의 부르즈칼리파입니다. 여기에 중국이 도전장을 던졌습니다. 838미터 높이의 세계 최고층 빌딩을 짓기로 한 것입니다. 층수는 220층이나 되는데, 놀라운 것은 공사 기간입니다. 단 90일 만에 세우겠다고 했습니다. 높이와 속도, 두 가지 분야에서 기록을 내겠다는 속셈이지요(이 건물은 안전상의 이유로 건설이 중단되었습니다.).

이렇게 세계 최고를 좋아하는 중국이 최고라고 내세우는 주장이 또 하나 있습니다. 바로 인류의 조상이 중국에서 기원했다는 주장입니다. 인류의 진화사를 조금이라도 안다면 코웃음을 칠 만할 일입니다. 앞서 여러 번 언급되었지만, 최초의 인류는 최소 400만~500만 년 전 아프리카에서 태어났습니다. 사헬란트로푸스 차덴시스, 오로린 투게넨시스 등 일부 종이 포함되면 연대는 약 600만~700만 년 전까지도 볼 수 있지만 기원지는 역시 아프리카입니다(3장 '최초의 인류는 누구?' 참조). 현생 인류 역시 아프리카에서 태어났다는 주장이 많은 지지를 받고 있습니다(이와 관련해서는 책 후반부에 좀 더 자세한 이야기를 할 예정입니다.). 최초의 인류와 현생 인류의 중간쯤에 위치하는 호모 에렉투스 역시 아프리카에서 기원했을 가능성이 높습니다.

이렇게 인류 진화사의 굵직한 사건들이 모두 아프리카에서 일어났 다는 사실은 현재 어느 정도 정설이 됐습니다. 하지만 그리 오래된 일 이 아닙니다. 세계 여러 나라는 얼마 전까지도 자신들의 땅이 인류의 기원지라는 주장을 해 왔습니다. 중국 역시 이런 대열에서는 빠지지 않았고요. 지금도 중국에서는 가끔 오스트랄로피테쿠스를 발견했다 고 발표하곤 하는데, 물론 세계의 관심을 그리 끌지는 못합니다.

여기까지만 보면 중국이 말하는 '인류의 조상은 중국에서 나왔다.' 는 주장은 역시 허황된 것 같습니다. 하지만 꼭 그렇게 단정할 수 없는 미심쩍은 점이 있습니다. 현생 인류의 직계 조상인 호모 에렉투스는 정말로 아시아가 고향일 가능성이 있습니다.

중국에서 최초의 직계 조상이?

19세기 말 다윈의 연구를 계기로 진화론이 알려지면서, 인류는 전 에 없던 새로운 생각을 하게 됐습니다. 인류는 어느 날 갑자기 지구상 에 지금의 모습으로 나타난 것이 아니라는 생각입니다. 유인원과 같은 조상에서 갈라져 나온, 조금은 '덜 인간스러운' 모습의 조상이 있었고, 이 조상은 원숭이와 인간의 '중간' 모습을 한 채 세상에 나타났을 거라고 생각하기 시작했습니다. 이 '중간' 모습이란 구체적으로는 인간과 유인원의 우수한 면만 골고루 갖추고 있는 모습으로 생각했고요.

네덜란드 암스테르담 대학교의 해부학자였던 외젠 뒤부아(Eugène Dubois) 역시 그렇게 생각한 사람 중 하나였습니다. 뒤부아는 최초의 인류가 지금의 유인원과 비슷한 곳에 살았고, 따라서 화석도 유인원이 사는 울창한 숲에서 나올 것이라고 예상했습니다. 그래서 자신의 돈을 들여서 동남아시아의 열대 우림을 발굴한 끝에, 1891년 인도네시아 자바 섬에서 인류 화석을 발견하는 데 성공했습니다. 이 발견은 오래오래 사람들에게 회자됐습니다. 고인류학자들 중에는 몇 십 년 동안 발굴을 다녀도 뼈 한 점 건지기 힘든 경우가 많거든요. 그에 비하면 첫 발굴지에서 원하던 화석을 발견한 뒤부아는 거의 기적적인 경우에 해당합니다. 이 정도의 운을 타고난 고인류학자는 고고학 역사상 몇 명 안 됩니다. 유명한 고인류학자 가족인 리키 가문의 리처드 리키(Richard Leakey) 정도가 있을까요(이 이야기는 다시 다룰 것입니다.).

뒤부아가 발굴한 이 화석에는 '자바인(Java Man)'이라는 별명이 붙었습니다. 자바인 화석은 머리뼈(두개골)와 넓적다리뼈(대퇴골)였습니다. 머리뼈는 작고 납작한 모양이었고 넓적다리뼈는 인간과 거의 똑같이 생겼습니다. 이 말은 자바인이 현생 인류에 비해 비록 머리는 덜 똑똑하지만 두 발로 성큼성큼 걸을 수 있었다는 뜻입니다. 그래서 뒤부아는 '똑바로 서서 걷는 유인원 인간'이라는 뜻인 '피테칸트로푸스 에렉투스(*Pithecanthropus erectus*)'라는 이름을 붙였습니다. 이 종은 훗날 재분류를 통해 호모 에렉투스의 일종이 됩니다.[2]

여기까지 읽고 나면 뒤부아는 인류의 직계 조상을 제대로 잘 찾았고, 고인류학계에서 인정도 받았을 것 같습니다. 하지만 19세기 말이었던 당시는 달랐습니다. 똑똑함을 자랑하는 인류의 조상이, 머리보다 다리가 먼저 발달했다는 사실에 많은 사람들은 거부감을 느꼈습니다. 머리가 작고 지능이 낮은 상태로 아무리 잘 걸어 봤자 '사람'으로 인정할 수 없다는 거였죠(3장 '최초의 인류는 누구?' 참조). 뒤부아는 학계와 사회의 냉대 속에서 잊혀졌고, 결국 우울하게 여생을 마감하고 말았습니다.

최초의 직계 조상을 향한 레이스

뒤부아의 자바인이 차지하지 못한 최초의 직계 조상 자리는 20세기에 와서도 비어 있었습니다. 이 자리를 둘러싼 경쟁은 계속됐지요. 20세기 초에는 유럽과 아프리카, 그리고 아시아 세 대륙에서 이 자리를 꿰차기 위한 획기적인 발견이 동시다발적으로 이뤄졌습니다. 유럽에서는 영국 런던 근교인 필트다운에서 '필트다운인'이 발견됐습니다.

---

2) 화석은 속명과 종명을 붙인 채 땅에서 나오지 않습니다. 학자들이 명명한 분류 명칭은 연구를 통해 계속 재검토되고 재분류되기도 합니다. 종명이 바뀌는 이유입니다.

필트다운인은 당시 사람들이 인류의 조상에게 기대하던 그대로의 모습을 갖추고 있어 환영 받았습니다. 크고 둥근 머리뼈와 무시무시하게 생긴 이빨입니다. 뛰어난 두뇌와 위협적인 몸을 갖춘 용맹한 모습이었죠. 이런 멋진 인류의 조상이 영국 수도 부근에서 발견됐다는 사실에, '해가 지지 않는 나라' 대영 제국의 사람들은 작게나마 위안을 받았습니다. 그러나 필트다운인은 발견 직후부터 조작된 화석이라는 소문이 돌았고, 결국 1950년대에 가짜로 판명되고 말았습니다.

두 번째는 1920년대에 남아프리카에서 발견된 '타웅(Taung) 아이'라는 작은 화석입니다. 오스트레일리아 출신의 고인류학자 레이먼드 다트(Raymond Dart)가 발견한 새로운 종 오스트랄로피테쿠스 아프리카누스였죠. 지금은 이 종이 유력한 인류의 조상 후보로 인정받고 있습니다. 그러나 당시에는 이 종 역시 무시 당했습니다. 미개하다고 업신여김 받던 아프리카에서 태어났기 때문입니다. 인간 같은 훌륭한 종의 조상이 아프리카에서 태어났다는 사실을 당시의 유럽 사람들은 차마 인정할 수 없었습니다. 더구나 오스트랄로피테쿠스는 두뇌 용량이 어른 침팬지 수준으로 작고 도구를 만든 흔적도 남기지 않았으며 이빨도 보잘것없었습니다. 사람들이 기대하던 인간다운 특징은 하나도 찾아볼 수 없었지요.

결국 고인류학자들은 두 후보를 대신해 새로운 세 번째 후보를 생각하기 시작했습니다. 바로 아시아인 중국에서 발견된 베이징인이었습니다. 베이징인은 1920년대에 중국의 수도 베이징 근처의 동굴 저우커우뎬에서 발견된 화석입니다. 원본이 감쪽같이 사라진 후 수수께끼로 남아 있었지만(10장 '베이징인과 야쿠자의 추억' 참조), 그 이후에 꾸준히 발굴이 계속돼 풍부한 자료가 쏟아져 나왔고, 원본 화석의 복제품이 워낙 정교해 연구 역시 꾸준히 이어진 화석이었습니다. 베이징인은 처음에는 '베이징에서 나온 중국인'이란 뜻으로 '시난트로푸스 페키넨시스(Sinanthropus pekinensis)'라는 종으로 분류됐습니다. 하지만 1940년대에 재분류를 통해 자바인과 함께 호모 에렉투스에 포함됐습니다.

베이징인은 오스트랄로피테쿠스 두뇌 용량의 2배에 이를 만큼 머리가 컸습니다(현대인의 약 3분의 2). 큰 머리를 지닌 베이징인은 인간다운 생활을 가능하게 할 것이라는 기대를 갖게 했습니다. 실제로 저우커우뎬 동굴에서 발굴된 동물뼈와 석기, 불을 피우고 난 둥근 흔적 등은 '추운 빙하기에 따뜻한 동굴에 둘러앉아 오손도손 이야기를 나누며 불을 피워 고기를 익혀 먹는 인류'라는 구체적인 상상을 가능하게 했습니다. 빙하기의 혹독한 추위를 견디게 할 만큼 문화적인 생활이 가능했다는 것이지요(이런 상상이 최근 흔들리고 있다는 이야기는 앞서 했습니다.). 베이징인은 약 50만 년 전에 살았던 것으로 알려졌는데, 이렇게 인간다운 모습을 갖춘 조상 인류가 50만 년 전의 아득한 시간 전에 중국에서 등장했다는 이야기는 중국이 자랑거리로 삼기에 충분했습니다.

베이징인은 곧 호모 에렉투스의 대표가 됐습니다. 그리고 중국은 '인류 최초의 직계 조상이 중국에서 나타났다.'고 주장하기에 이르렀습니다. 그런데 문제가 있었습니다. 보다 일찍 살았던 초기 인류 조상인 오스트랄로피테쿠스는 아프리카에서만 발견되고 있었습니다. 이들이 어떻게 멀고 먼 아시아의 호모 에렉투스로 진화했는지 연결이 잘 안 됐던 것입니다. 이 수수께끼는 1970년대 이후 동아프리카에서도 호모 에렉투스 화석이 발견되면서 해결되는 듯했습니다. 베이징인만 한 머리 크기에 현생 인류와 맞먹을 만큼 몸집이 큰 이들은 무려 150만~200만 년 전에 등장했습니다. 이로써 새로운 시나리오가 탄생했습니다. 호모 에렉투스는 일찌감치 아프리카에서 태어난 뒤, 나중에 큰 머리와 몸집, 우수한 사냥 도구를 바탕으로 서서히 전 세계로 퍼졌다는 것입니다. 유럽과 아시아의 에렉투스 역시 그 중 일부였고, 따라서 베이징인과 자바인은 아프리카에서 시작한 거대한 물줄기의 하나였다는 설명입니다. 이 가설은 화석의 연대와 지리적 분포 등을 고려할 때 기가 막히게 맞아떨어지는 듯이 보였습니다.

내 고향은 아프리카 vs. 아시아

하지만 큰 반전이 일어났습니다. 1990년대에 과학자들이 자바인의 연대가 180만 년 전까지 올라간다고 발표했습니다. 이 말은 아프리카에서 호모 에렉투스가 탄생하던 시기와 거의 비슷한 때에 아시아에도 호모 에렉투스가 존재했다는 뜻입니다. 자바인이 아프리카의 호모 에렉투스가 이주한 결과가 아닐 수도 있다는 것이지요. 그러나 자바인 화석의 연대에 대해서는 논란이 많았습니다. 이 문제는 아직도 분명한 결론이 나지 않았습니다.

그런데 연이어 보다 확실하고 강한 반전이 일어났습니다. 터키 북동쪽에 있는 나라, 조지아의 드마니시(Dmanisi) 유적에서 이상한 화석이 발견된 것입니다. 이 화석은 머리도 몸집도 별로 크지 않았습니다. 함께 발견된 석기 역시 그다지 세련되지 않습니다. 고인류학자들은 머리를 쥐어뜯을 수밖에 없었습니다. 아프리카 밖에서 이렇게 보잘것없는 화석이 나왔다는 사실은 기존의 가설로는 설명할 수가 없었거든요. 큰 머리와 몸집, 뛰어난 사냥 도구를 지닌 호모 에렉투스가 아프리카에서 태어났고, 이런 능력을 바탕으로 비로소 전 세계로 확산할 수 있었다고 인류학자들은 설명해 왔습니다. 그런데 그렇지 않은 예가 처음으로 나온 것입니다.

더구나 이 화석의 연대가 측정되자 시름은 더 깊어졌습니다. 아프리카의 호모 에렉투스와 동시대인 180만 년 전이었습니다. 이 사실은 무엇을 의미할까요? 이런 시나리오를 상상해 볼 수 있습니다. 호모 에렉투스가 나타나기 전에, 어떤 인류 조상이 아프리카에 살고 있었습니다. 이 인류는 작은 머리와 몸집을 지녔고, 도구도 아주 허술하게만 만들 수 있었습니다. 이들은 이런 초라한 몸과 도구를 가지고 아프리카를 벗어나 세계로 향했습니다. 도중에 조지아의 드마니시를 거쳐 인도네시아 자바까지 흘러 이주했습니다. 이후 이들 집단은 모두 사라졌습니다. 하지만 그 중 아시아에 살던 집단 중 하나가 살아남아 따로 진화합니다. 그게 바로 호모 에렉투스입니다. 이들은 이제 다시 아시아를 떠나 전 세계로 퍼져 나갑니다. 아프리카의 호모 에렉투스 역시 그 후손입니다. 영국 셰필드 대학교의 로빈 데넬(Robin Dennell) 교수는 아시아 기원론을 주장하는 대표적인 유럽인 학자입니다.

아직은 시나리오입니다. 하지만 드마니시에서 화석이 나온 이상, 아프리카 바깥에서 호모 에렉투스가 기원했다는 가설은 더 이상 황당무계한 주장이 아닙니다. 그 중 아시아에서 기원했다는 가설 역시 무시하기 어렵습니다. 이 가설이 맞을지, 우리를 포함해 세계의 관심이 쏠리고 있습니다.

고인류학 최고의 사기극 필트다운인

앞서도 잠시 언급했던 필트다운인은 과학과 고인류학계에 가장 널리 알려진 '사기 사건' 중 하나입니다. 1912년 영국 이스트서섹스(East Sussex) 지역 필트다운에서 두개골과 어금니가 박혀 있는 턱뼈, 그리고 송곳니가 발견됐습니다. 화석 사냥꾼이었던 찰스 도슨(Charles Dawson)이 이 화석을 공개하면서 유인원과 인류 사이를 잇는 화석이 나왔다고 사람들은 환호했죠. 하지만 의문이 많았습니다. 해부학적으로 유인원에서 현생 인류로 이어지는 진화 경로와 어긋나는 부분들이 많이 발견됐습니다. 머리 크기만 보면 유인원과 현생 인류를 잇는 중간 형태지만(현생 인류의 3분의 2), 덜 오래된 다른 화석보다 현대인과 닮아 진화에서 오히려 예외적인 존재로 분류될 정도였습니다. 그래도 현생 인류가 나타나기 위해 '머리가 먼저 발달했다.'는 오랜 믿음에 부합했기 때문에 무려 40년 넘게 판정이 미뤄지다, 결국 1953년 과학적인 조사를 통해 가짜라는 사실이 밝혀졌습니다. 이때 쓴 불소 연대 측정법(fluorine dating method)은 이 사건으로 인해 유명해졌습니다. 불소 연대 측정법은 상대 연대 측정 방법 중 하나로, 정확히 몇 년이 되었다고 연대를 알려 주는 것이 아니라, 이것보다 저것이 더 오래되었다는 식으로 어떤 것이 더 오래되었는지 판정하는 방법입니다. 살아 있는 생물체가 죽고 나면 그 순간부터 주위 흙으로부터 불소가 녹아 들어가게 됩니다. 오래된 뼈일수록 많은 양의 불소가 함유되어 있습니다. 필트다운인을 검사한 결과, 두개골과 턱뼈에 함유되어 있는 불소의 양이 서로 다르다는 점이 밝혀졌습니다. 따라서 필트다운인의 두개골과 턱뼈는 같은 개체에 속할 수 없다는 결론이 내려졌죠. 알고 보니, 필트다운인은 중세 시대의 사람 두개골과 500년 된 오랑우탄의 턱뼈, 그리고 침팬지의 이빨을 조합해 만든 조작품이었습니다.

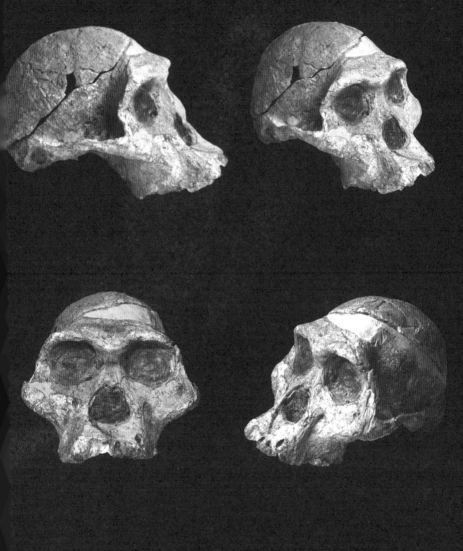

오스트랄로피테쿠스 아프리카누스의 두개골 화석

12장
'너'와 '나'를 잇는 끈, 협력

2012년에 미국 동부의 한 초등학교에서 총기 사고가 있었습니다. 30명에 가까운 유치원생과 선생님이 희생됐죠. 참 끔찍한 사고였습니다. 그런데 시간이 지나면서 조금 다른 이야기가 들려왔습니다. 범인에게 몸을 던져 총으로부터 학생들을 보호하려고 했던 교장 선생님, 담당 반의 어린아이들을 벽장 속에 숨기고 범인을 다른 곳으로 유도한 선생님, 아예 범인에게 돌진한 선생님의 이야기입니다. 이들은 모두 범인과 맞서기에는 너무나 연약한 여자 선생님이었습니다. 그런데 어떻게 이렇게 영웅적인 행동을 할 수 있었을까요? 모성 보호 본능을 지녔기 때문일까요?

그럼 다른 예를 들어 볼까요? 베트남 전쟁 출전을 위한 훈련 도중 부하가 잘못 던진 수류탄을 몸으로 막아서 사람들을 구한 강재구 소령 이야기를 떠올려 봅시다. 전쟁터에 나가려는 군인은 어차피 목숨을 걸었으니까 이렇게 영웅적인 행동을 했던 것일까요? 2014년에 전 국민을 비통에 빠트린 세월호 사고는 어떻고요(저도 미국에서 참 망연한 마음으로 소식을 들었습니다.). 먼저 탈출하지 않고 끝까지 아이들을 구하려 애쓴 이들은, 그저 선생님이거나 승무원이었기 때문에 그렇게 소중한 목숨을 바쳤을까요?

정말 이들은 모두 예외적인 상황이 낳은 예외적인 사례일까 생각해 봅니다. 하지만 아닙니다. 남의 입에 오르내릴 정도로 유명해지지는 않아도, 남을 위해 손해를 보거나 심지어 목숨을 거는 사람들을 우리는 도처에서 볼 수 있습니다. 아무런 대가 없이 다른 사람을 돕는 일은 결코 드물거나 예외적인 일이 아닙니다.

남을 돕는 것은 유전자의 명령

목숨을 걸고 집단의 이익을 위해 헌신하는 예는 동물의 세계에도 많습니다. 가장 잘 알려진 예는 개미와 벌입니다. 일개미나 일벌은 평생 일만 죽도록 하는 것도 모자라 침입자가 나타나면 몸을 던져 싸웁니다. 원숭이도 만만치 않습니다. 위험한 존재가 나타나면 큰 소리를 질러서 집단을 피신시킵니다. 대신 자신이 침입자의 주목을 끌어서 위험에 빠지지요. 개미나 벌, 원숭이 모두 멍청한 걸까요? 아무에게도 알리지 않고 혼자 슬쩍 피하면 가장 이익일 텐데, 왜 굳이 그러지 않을까요? 진화적 존재로서 자신의 유전자를 위한 삶을 살아가던 이들이, 잠간이라도 이기적인 삶을 포기하고 사회생활을 하는 이유가 무엇일까요?

유명한 사회 생물학자 에드워드 윌슨(Edward O. Wilson)은 그 해답을 이기적인 삶을 평생 포기하고 남을 위해서 살아가는 개미와 벌과 같은 동물 사회에서 찾았습니다. 개미는 여왕개미 하나가 집단의 생식을 도맡습니다. 개미와 벌은 모두 같은 암컷에서 태어나 똑같은 유전자를 가지고 있는 '클론(clone)'입니다. 유전자가 같으므로 이들 사이에 구분은 없습니다. 똑같은 '나'가 무리 지어 살고 있는 셈입니다. 그리고 집단 성원 전체는, 여왕개미가 낳은 아기의 양육 등 집단생활의 영위에 모든 생을 바칩니다. 개인이 죽어도 그 유전자는 계속 살아 있기 때문에, 여왕개미의 후손은 하나하나가 모두 무수한 '자신'인 셈입니다. 그러니 나 하나쯤 죽어도 또 다른 '나'가 수없이 많이 살아남을 수 있다면, 유전자의 입장에서 '나'의 희생은 그렇게 손해 보는 장사가 아닙니다. 이렇게 개체를 무시하고 오로지 유전자만 고려한다면, 개미의 살신성인과 같은 사회-협동 생활은 근원적으로는 극히 이기적인 행위입니다. 내가 죽어도 내 유전자는 온전히, 고스란히 내 동료들 안에서 보전됩니다. 윌슨의 『사회 생물학(*Sociobiology*)』(1975년), 리처드 도킨스(Richard Dawkins)의 『이기적인 유전자(*The Selfish Gene*)』(1976년)와 같은 책이 인기리에 판매되면서 사회 생물학은 큰 인기를 끌었습니다.

같은 집단생활을 하더라도 원숭이는 약간 다릅니다. 원숭이는 개미나 벌처럼 모두 똑같은 유전자를 가지고 있지는 않습니다. 하지만 친족끼리 모여 살고, 따라서 비슷한 유전자를 공유하고 있죠. 피를 나누었다면 '나'의 이익을 포기하고 남을 도울 수 있습니다. 이타적인 행위가 사실은 자신에게 유익할 수도 있다는 현상은 사회 생물학의 발전과 더불어 강세를 떨치기 시작한 윌리엄 해밀턴(William Hamilton)의 해밀턴 법칙(Hamilton's Law)으로 설명되었습니다. 친족이 공유하는 유전자 비율은 수학적으로 계산할 수 있습니다. 해밀턴의 유명한 공식은 다음과 같습니다.

$$rB > C$$

수혜자가 받는 이익(B)과 수여자와 수혜자 간의 촌수(r)를 곱한 값이 수여자가 치르는 대가(C)보다 클 때 이타적인 행위가 나타난다는 공식입니다. 예를 들어 확률적으로 볼 때, 형제는 나와 유전자가 50퍼센트 일치하고 사촌은 12.5퍼센트 일치합니다. 그러니까 같은 값의 대가와 이익이 개입돼 있다면, 두 명의 동기와 여덟 명의 사촌이 맞먹는다는 뜻입니다. 해밀턴은 이를 근거로 '내가 죽는 대신 형제 두 명, 혹은 사촌 여덟 명을 살릴 수 있다면 유전자의 입장에서 결코 밑지는 죽음은 아니다.'라는 계산 결과를 내놓기도 했습니다. 같은 양의 유전자는 살아남으니까요.

실제로 값어치가 어떻게 매겨지는지는 중요하지 않습니다. 여기서 생각할 것은 개인은 유전자를 담는 그릇에 불과하다는, 유전자 제일주의가 기세를 떨치기 시작했다는 점입니다. 성인 남자가 가족의 일원이 된 것도, 그 유전자를 물려받은 아이의 복지를 위해서, 그러니까 결국은 남자 자신의 유전자를 위해서일 뿐이라는 식으로 설명할 수도 있게 됐죠. 불특정 타인을 위한 자기희생 행위는 어떻게 설명될까요? 이 설명에 따르면, 익명으로 행해지는 희생은 최근까지 기나긴 세월 동안 친족 사회에서 살아온 인류가 습관적으로 해 오던 행위일 뿐이었습니다.

그런데 인간 사회의 협동은 그렇게 설명될 수 없었습니다. 인간 개개인은 개미와 같은 '클론'이 아니기 때문입니다. 그리고 자세히 살펴보면 인류의 가족은 반드시 유전자로 맺어져 있지도 않습니다. 우리가 귀하게 여기는 사회관계들을 잘 보면, '가족처럼' 여기는 남과 맺은 관계인 경우가 많습니다. 많은 민족지 집단에서 '아빠'는, 남자와 같이 사는 여자가 낳은 아이들과 그 남자 사이의 관계를 일컫는 호칭입니다. 반드시 일대일 부부 관계를 고집하는 것은 아니기 때문에, 이 '아빠'와 아이들이 실제로 유전자를 나누는지 여부는 확인하기 힘듭니다. 현대는 다르다고요? 그렇지 않습니다. 현대식 핵가족의 중요한 구성원인 성인 남자 역시 아이들에게 '문화적으로' 아빠인 경우가 많습니다. 엄마 역시 마찬가지고요.

인간의 사회는 핏줄로 연결될 수 있는 범위 이상으로 거대합니다. 원숭이처럼 피를 나눈 집단(친족)만으로 이뤄지지 않았다는 거죠. 오늘 아침부터 지금까지 전화나 이메일, SNS로 연락을 하거나, 얼굴을 맞대고 말을 나눈 사람들을 생각해 보세요. 가족과 친척은 몇 명이나 되나요? 대부분 피 한 방울 섞이지 않은 남일 것입니다. 그 중 상당수는 다시는 보지 않을 사람일지도 모릅니다. 내 대신 이들이 살아남는

다고 해도 내 유전자를 남기는 데 전혀 도움이 되지 않습니다.

그런데 사람은 이런 생판 모르는 '남'을 위해 목숨을 걸기도 합니다. 피를 나눠 주기도 하고 재산이나 음식을 나눠 주기도 합니다. 장기를 기증하기도 합니다. 아무런 보상도 바라지 않는 경우가 많으며, 심지어는 익명을 고집하여 자신을 드러내지 않으려고도 합니다. 아마 원숭이에겐 도대체 이해가 가지 않을 것입니다. 자연의 세계에서는 보기 힘든 일이니까요.

인간의 가족은 혈연이라는 테두리를 벗어났습니다. 가지각색의 사회관계가 모두 '가족'의 틀 안에서 차곡차곡 쌓여 갑니다. 호칭도 인척보다는 친척의 것을 씁니다. 어머니뻘의 여자를 '이모' 혹은 '고모'라고 부르는 경우는 많지만 '숙모'나 '외숙모'라고 부르지는 않습니다. 혈연으로 맺어지지 않은 남을 혈연처럼 엮어서 가족 안으로 끌어들입니다. 혈연이 정말 중요해서라기보다는, 다른 관계가 혈연만큼 중요하다는 뜻입니다.

우리가 생각하는 '친척 같은' 혹은 '가족 같은' 이웃은, 더 이상 혈연 사회에서 살지 않게 된 우리들의 막연한 향수 혹은 습관적인 행위가 아닐지도 모릅니다. 오히려 오랫동안 이뤄져 온 사회관계가 아닐까요? 가족이 가까운 주위에 없게 됐기 때문에 친구끼리 서로 같이 먹고 마시고 챙겨 주는 것이 아닙니다. 친구가 바로 가족입니다. 옛날에도 그랬고, 지금도 그렇습니다. 아무런 혈연관계가 아닌 사람들끼리 호형호제하면서 자신의 이익을 포기하는 것, 이것이야말로 인간 특유의 행위입니다. 이것이 우리를 인간답게 합니다.

180만 년 전부터 남을 도운 인류

그렇다면 인류는 언제부터 이런 특이한 행동을 보이기 시작했을까요? 우선 멸종한 친척 인류인 네안데르탈인에게 이런 흔적이 보입니다. 20세기 초 프랑스의 라샤펠오생(La Chapelle-aux-Saints)에서는 이상한 네안데르탈인 화석이 발견됐습니다. 이 화석은 뼈가 심하게 구부러져 있었는데, 처음에 사람들은 네안데르탈인이 원래 자세가 구부정하기 때문이라고 생각했습니다. 현생 인류처럼 똑바로 서 있을 수 없는 모습을 '덜 떨어진' 네안데르탈인의 특징으로 본 거죠. 또한 턱이 튀어나오고 입이 쑥 들어간 모습이었는데, 이 역시 네안데르탈인이 원래 입이 쑥 들어간 얼굴이어서 그렇다고 생각했습니다. 라샤펠오생의 화석을 바탕으로 복원한 네안데르탈인의 모습은 이후 한동안 사람들의 머릿속에 각인됐습니다.

그런데 이후 연구 결과 이 화석에서 뼈가 구부러져 있는 것은 관절염을 앓았기 때문이라는 사실이 밝혀졌습니다. 자세가 원래 구부정한 게 아니었다는 뜻이지요. 관절염의 원인은 노령이었습니다. 또 입이 쑥 들어가 있는 것은 단지 화석의 주인공이 이가 모두 빠졌기 때문이라는 사실도 밝혀졌습니다. 라샤펠오생 화석은 이가 거의 다 빠진 상태로 발견됐는데, 특히 어금니 부분이 흥미로웠습니다. 원래 죽은 다음에 이가 빠지거나 죽기 직전에 빠지면, 화석의 이가 빠진 자리는 그대로 구멍으로 남습니다. 반면 이가 빠진 다음에도 계속 살았다면 빠진 자리는 메워지고 잇몸 뼈가 닳아 반들반들해집니다. 라샤펠의 화석은 후자였습니다. 구멍은 막히고 잇몸 뼈가 닳은 모습을 보이고 있습니다.

이 결과를 종합하면 어떤 사실을 알 수 있을까요? 화석의 주인공은 노령으로 관절염을 앓고, 어금니가 모두 빠진 뒤에도 오랫동안 살았던 노인의 화석이었다는 것입니다. 그래서 이 화석에는 '라샤펠의 늙은이'라는 별명이 붙었습니다. 물론 노인이라고 해 봤자, 당시는 평균 수명도 짧았고 삶이 워낙 거칠었기 때문에 아마 30~40세 정도였을 테지만요. 그런데 노인이라고 하니 한 가지 의문이 듭니다. 이도 빠지고 관절염으로 잘 걷지도 못하는 네안데르탈인 노인이 어떻게 빙하기의 눈 덮인 산골짜기에서 살아갈 수 있었을까요? 먹을 것도 구하기 힘들고 어쩌다 구해도 잘 먹기도 힘들었을 텐데요. 한 가지 방법이 있습니다. 누군가 도와주는 것입니다. 실제로 인류학자들은 주위의 도움이 없었다면 라샤펠오생 화석의 주인공은 생존이 불가능했을 거라고 생각하고 있습니다.

다친 사람을 먹여 살린 흔적도 있습니다. 1950년대에 이라크의 샤니다르(Shanidar) 유적에서 발견된 네안데르탈인 화석(샤니다르 1호)은 젊은 시절 큰 부상을 입은 모습이었습니다. 두개골 흔적으로 보건대 왼쪽 눈은 실명했습니다. 눈이 있는 부위의 뼈 한가운데에는 시신경이 지나가는 구멍이 나 있는데 이 구멍이 막혀 있습니다. 시신경이 죽었다는 뜻이죠. 왼쪽 머리에 큰 부상을 입어 왼쪽 뇌도 크게 다쳤습니다. 그 결과 신체의 오른쪽을 거의 쓰지 못해 오른팔 뼈가 조그맣게 쪼그라들어 있었습니다. 오른쪽 다리 역시 제대로 걷지 못해 절뚝거렸을 것으로 추정됐습니다. 하지만 이 화석도 노인의 특징을 지니고 있었습니다. 젊어서 크게 다쳤고 그 결과 혼자서는 살아갈 수 없는 지경이 됐지만, 누군가가 챙겨서 먹여 가며 노인이 될 때까지 오랫동안 살렸다는 뜻입니다.

최근에는 훨씬 오래전에 나타난 초기 인류 역시 이런 이타적인 행동을 했다는 사실이 드러나고 있습니다. 터키 북동쪽의 나라 조지아의 드마니시에서 발견된 인류 화석은 무려 180만 년 전에 살았습니다. 그런데 이 화석 중 일부 역시 이가 다 빠진 채로 살다 죽은 흔적이 보입니다. 머리뼈의 봉합(cranial suture) 상태로 추정하건대 심지어 젊은이도 아닌 노인이었습니다. 이때는 빙하기였습니다. 먹을 것이 부족했습니다. 누군가 먹을 것을 갖다 주고, 이 없이도 삼킬 수 있게 어떤 '가공'을 해 주지 않으면 이 노인은 살 수 없었을 것입니다. 그런데 화석은 그런 일이 일어났다고 말해 주고 있습니다.

드마니시 화석의 주인공이 살던 시기는 인류가 속한 호모속이 막 태어났을 때입니다. 이때의 인류는 그 이전의 오스트랄로피테쿠스에 비해 외모는 크게 다르지 않았습니다. 체구는 비슷하게 작고 약했으며 머리가 좋지도 못했습니다. 하지만 하나가 달랐습니다. 호모속은 처음 지구에 나타나던 시기부터 서로 도왔습니다.

인류 최고의 무기, 협력과 이타심

그렇다면 인류는 어떻게 해서 서로 돕게 됐을까요? 생판 모르는 남에게 이타성을 발휘하게 한 원동력은 무엇이었을까요?

작고 약하다는 점, 그것이 이유였을지 모릅니다. 인류는 환경에 적응하기 위해, 강해지는 대신 유연하게 적응하는 전략을 택해야 했습니다. 빙하기가 꼭 춥기만 했던 것은 아닙니다. 변덕스럽게도 조금 따뜻한 시절도 있었습니다. 건조하거나, 반대로 비가 계속 쏟아지는 때도 있었습니다. 기후가 변하면 거기에 맞춰 동식물상과 환경이 변했습니다. 지형도 바뀌었습니다. 바닷물의 높낮이가 달라져 섬이 육지가 되고 바다가 산이 되기도 했습니다.

이렇게 극적으로 달라지는 환경 속에서 살아남기 위해, 인류는 유연한 전략을 택했습니다. 먼저 급변하는 환경을 잘 살피는 법을 배웠습니다. 새로운 환경을 맞닥뜨리면 그에 대한 정보를 얻어 내 기억했습니다. 그러다 보니 환경이 늘 전에 없이 새롭게 변하지는 않는다는 사실을 깨달았습니다. 변하다 보면 과거와 비슷한 환경을 다시 맞을 때가 있지요. 인류는 바로 그럴 때 과거의 경험에서 얻은 지혜를 활용해 대처하면 된다는 사실을 깨달았습니다. 그리고 그런 지혜는 조상 때부터 물려받은 정보가 원천이라는 사실도요.

인류는 이렇게 해서 정보력(문화)에 의존해 살아남는 전략을 진화시켰습니다. 이런 정보력의 보고는 노인입니다. 쌓아 온 시간만큼 정보를 지니고 있기 때문입니다. 노인의 정보력을 전수 받고 활용하는 방법으로, 이제 인류는 다른 어떤 유인원도 가 보지 못한 곳까지 적응해 살고 있습니다. 아마 인류는 처음에는 이런 정보력의 원천으로서 노인을 존중하고 도왔을 것입니다. 하지만 언제부터인가 좀 더 무조건적이고 보편적인 새로운 모습을 보이게 됐습니다. 다른 동물은 지니지 못한 능력, 바로 보편적인 협력과 이타심을 갖게 된 것입니다. 남을 위해 자기를 포기할 줄 아는 능력, 생판 모르는 남과도 콩 한 쪽을 나눠 먹고, 남을 위해 자신을 낮추거나 희생하는 능력, 제 힘으로 살 수 없는 이웃과 부족한 힘이나마 나누는 능력, 그리고 이를 통해 사회에 함께 참여할 기회를 나누는 능력입니다. 인류는 다른 동물에 비해 월등한 이 능력을 바탕으로, 오늘도 '이웃을 네 몸같이 사랑하라.'는 말을 자신도 모르는 사이에 실현하고 있습니다.

저는 가끔 생각합니다. 남자로 태어났다면 군복무를 면제 받았을 정도로 근시가 심한 제가 이렇게 멀쩡히 살아갈 수 있는 것은, 누군가 안경을 개발해 준 덕분일 것입니다. 하지만 저는 확신합니다. 만약 안경이 없는 사회, 그러니까 네안데르탈인이나 그 이전 인류의 사회에서 태어났더라도, 아마 저는 살아남았을 것입니다. 아무도 제가 곰에게 잡아먹히도록 그냥 내버려 두지는 않았을 것입니다.

샤니다르 동굴의 네안데르탈인들

본문에 나온 샤니다르 동굴은 이라크 북부 쿠르디스탄 지역 산지에 있습니다. 1950~1960년대에 미국 컬럼비아 대학교 연구팀이 발굴해 수만 년 전 네안데르탈인 유골을 여러 개체 발견했지요. 보존 상태와 나이 등이 각기 달랐는데, 그 중 본문에 나온 '샤니다르 1호'와 '샤니다르 4호'가 유명합니다. 샤니다르 1호는 젊어서 다친 뒤 노인(40세 정도)이 될 때까지 치료와 보살핌을 받은 흔적으로 유명합니다. 동굴에서 나온 또 다른 화석인 4호는 네안데르탈인도 죽은 자를 매장하는 의식을 했다는 연구가 있어 유명합니다. 화석을 둘러싼 토양에서 발견된 꽃가루는 네안데르탈인이 시신을 꽃과 함께 묻었다는 해석을 가능하게 했습니다. 이는 인류의 본디 모습은 꽃과 평화를 사랑하는 모습이라는 주장을 뒷받침하며 1970년대 히피 운동과 베트남 전쟁 참전 반대 운동 등 사회 운동에 기여를 했습니다. 그러나 근래에는 문제의 꽃가루가 동물에게 묻어 들어왔거나 바람에 휩쓸려서 우연히 동굴 안으로 들어왔다는 주장이 제기되어 논쟁은 계속되고 있습니다.

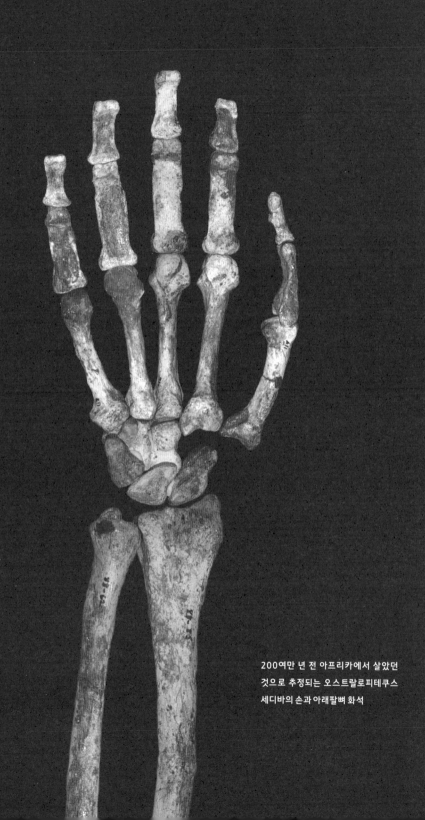

200여만 년 전 아프리카에서 살았던 것으로 추정되는 오스트랄로피테쿠스 세디바의 손과 아래팔뼈 화석

13장
'킹콩'이 살아 있다면

용은 상상 속의 동물입니다. 그런데 용이 인류의 진화 역사에 살짝 등장한 적이 있습니다. 그것도 인류의 친척으로서 말이지요. 용이 될 뻔한 인류, 영장류 중 가장 몸집이 컸던 '기간토피테쿠스(*Gigantopithecus*)'의 이야기입니다.

때는 20세기 초였습니다. 중국의 전통 약재상에 가면 별의별 게 다 있지요. 그 중에는 '용뼈'도 있었습니다. 갈아서 한약 재료로 썼는데, 없어서 못 팔 정도로 인기였습니다. 당시 유럽 각지에서 중국으로 몰려든 사람 중에는 화석을 연구하는 고생물학자도 있었습니다. 독일의 구스타프 폰 쾨니히스발트(Gustav Heinrich Ralph Von Koenigswald) 역시 그 중 하나였습니다. 어느 날 폰 쾨니히스발트는 홍콩의 약국을 구경하다 약재로 팔리고 있던 용뼈를 보고 깜짝 놀랐습니다. 자세히 보니 유인원의 이빨이었거든요! 잘 상상하기 어렵겠지만, 동물은 대개 이빨이 모두 다르고, 훈련 받은 고생물학자나 고인류학자는 이빨만 보면 어떤 동물인지 맞힐 수 있습니다.

그런데 좀 이상했습니다. 생김새는 유인원의 이빨이 틀림없었지만, 당시 발견된 어떤 유인원의 이빨보다 컸습니다. 폰 쾨니히스발트는 홍콩의 약국에서 구입한 용뼈를 살펴 오른쪽 세 번째 어금니로 판명된 이빨을 연구한 뒤, '기간토피테쿠스 블라키(Gigantopithecus blacki)'라는 새로운 화석 종으로 이름 붙이고 1952년 논문으로 발표했습니다. 기간토피테쿠스는 '거대한 유인원'이라는 뜻이고, 블라키는 유명한 고생물학자인 데이비슨 블랙(Davidson Black)의 이름을 딴 것입니다.

용뼈의 주인공이 용이 아니라는 점은 실망스러웠지만, 대신 고릴라에 가까운, 그러나 크기는 훨씬 큰 '괴물' 유인원의 이빨이라는 사실이 알려지자 많은 사람들이 큰 충격을 받았습니다. 논문이 발표되자마자 이 거대한 유인원의 화석을 찾으려는 경쟁이 시작된 것은 자연스러운 일이었지요.

'킹콩'이 살아 있었다?

당시 중국 남부에서는 석회암 동굴 주변에 펼쳐진 무기질이 풍부한 석회암 지대를 농경지로 많이 썼습니다. 그런데 농사를 짓기 위해 밭을 갈다 보면 기간토피테쿠스의 이빨이 말 그대로 수백 점 쏟아져 나오는 경우가 있었죠. 이 소식을 들은 고생물학자들이 달려갔고, 1950

년대부터 1960년대 초까지 관련 논문이 많이 나왔습니다. 중국은 집요하고 끈질기게 연구를 계속했습니다. 그러나 턱뼈 세 점과 이빨 수천 점 외에 다른 화석은 발견되지 않았죠. 기간토피테쿠스의 화석을 발견했다는 논문은 최근까지도 발표되고 있습니다만, 여전히 이빨만 계속해서 나오고 있습니다.

하지만 실망하기엔 일렀습니다. 조금 전 말씀 드렸듯, 인류학자와 고생물학자는 턱뼈와 이빨만 가지고도 주인공에 대해 상당히 많은 정보를 알아낼 수 있습니다. 먼저 크기를 바탕으로 몸집을 추정할 수 있습니다. 현재 영장류 중에서 가장 몸집이 큰 종은 고릴라로, 수컷의 무게가 180킬로그램, 암컷이 90킬로그램가량 나갑니다. 그런데 기간토피테쿠스는 무게가 고릴라 수컷의 약 1.5배인 270킬로그램에 키는 2.7미터에 이릅니다(일부 학자는 몸무게가 고릴라 수컷의 2배인 360킬로그램까지 나간다고 주장하기도 합니다.). 더 정확한 것은 체중을 직접 받는 부위, 즉 팔다리뼈가 발견돼야 하겠지만, 아무튼 이빨만으로도 용뼈의 주인공은 덩치가 거대했음을 알 수 있었습니다. 숫제 용이 아니라 '킹콩'이었던 셈입니다.

왜 이렇게 몸집이 컸을까요? 가장 생각하기 쉬운 이유는 수컷끼리의 경쟁입니다. 몇 안 되는 수컷이 암컷을 독차지하는 경우를 들 수 있습니다. 수컷들은 그 '선택 받은' 무리에 들어가려고 열심히 싸울 수밖에 없는데, 아무래도 싸움을 하려면 덩치가 큰 편이 유리합니다. 이 과정에서 몸집이 큰 수컷이 선택되어 대를 잇습니다. 암컷을 차지하기 위한 싸움이 치열하면 할수록 수컷의 몸집은 커지는 경향을 보입니다(이를 '몸집 성차(size sexual dimorphism)가 커진다.'라고 표현합니다.). 이런 종은 실제로 수컷이 여러 마리의 암컷을 독과점하는 단일 수컷-복수 암컷의 짝짓기를 보입니다. 반대로 암수의 몸 크기가 차이 나지 않는 동물들은 대부분 단일 수컷-단일 암컷의 짝짓기를 보이지요. 이들은 거의 대부분의 수컷이 암컷을 만나 짝을 지을 수 있기 때문에 서로 싸우지 않고 암수 모두 새끼 키우기에 참여하는 경우가 많습니다. 이렇게, 암수의 몸집 차이를 알면 짝짓기 형태에 대한 정보까지 알 수 있습니다.

하지만 기간토피테쿠스는 수컷 사이의 경쟁 때문에 몸이 커진 경우가 아닙니다. 2009년 학회 참석차 중국에 갔을 때입니다. 수십 년 동안 기간토피테쿠스를 연구한 한 고인류학자를 만났습니다. 지금은 은퇴한 장인윤(Zhang Yinyun) 박사인데, 제게 그동안 모은 기간토피테쿠스 자료를 건네주면서 자신이 끝내지 못한 연구를 계속해 달라고 부탁했습니다. 이빨 하나마다 단어 카드 한 장씩 빼곡히 기록한 방대한 자료였습니다. 덕분에 저는 기간토피테쿠스에 대한 연구를 본격적으로 시작할 수 있었습니다.

과연 알려진 대로 엄청나게 큰 이빨이었습니다. 암수의 몸집 차이 역시 어마어마했습니다. 여기까지는 이미 알고 있던 사실이었습니다. 그런데 갑자기 이상한 부분이 눈에 띄었습니다. 송곳니였습니다. 몸집과 어울리지 않게 터무니없이 작았습니다. 암수 성에 따른 크기 차이를 살펴보니 그 역시 작았습니다. 수컷끼리의 경쟁에 송곳니는 중요합니다. 몸집의 차이가 크지 않더라도, 송곳니 차이가 크다면 그 동물은 수컷끼리의 경쟁이 치열합니다. 침팬지가 그 예입니다. 반대로 경쟁이 치열하지 않다면, 송곳니의 크기 역시 암수 사이에서 큰 차이를 보이지 않습니다. 인간이 바로 그 예로, 남녀 사이에 몸집은 물론 송곳니의 크기도 큰 차이가 없습니다.

몸집은 암수 차이가 크지만 송곳니 크기는 그다지 차이가 없는 기간토피테쿠스는 수컷끼리의 경쟁이 격렬하지 않았다는 것을 알 수 있습니다. 그렇다면 수컷의 덩치가 커진 이유는 무엇일까요?

원인은 바로 포식자일 가능성이 높습니다. 몸집이 크면 포식자를 물리칠 때 유리합니다. 특히 수컷의 덩치가 커집니다. 포식자는 암수를 가리지 않는데 수컷만 몸집이 커지는 것은 재생산과 관계가 있습니다. 유인원을 비롯한 영장류의 경우, 몸집을 키우려면 자라는 기간(성장기)이 늘어나야 합니다. 하지만 성장기가 길어지면 성적으로 성숙해지는 시기는 늦어질 수밖에 없습니다. 적절한 시기에 임신과 출산을 해야 하는 암컷에게는 불리할 수밖에 없지요. 따라서 암컷은 마냥 몸집을 키우지 않아 작고, 수컷만 성장기가 길어져서 몸집이 커집니다. 나중엔 확연할 정도로 큰 차이를 보이게 되지요. 실제로 영장류를 연구해 보면 암컷의 성장기와 성적 성숙기가 안정돼 있고, 개체 차이도 크지 않다는 사실을 알 수 있습니다. 반면 수컷은 환경 요인에 따라 성장기가 변하기 쉽고 몸집 역시 개체별로 차이를 많이 보이지요.

기간토피테쿠스의 성차가 적고 크기도 작은 송곳니는, 무시무시한 천적이 있었음을 알려 줍니다. 그렇다면 궁금해집니다. 도대체 무엇이 기간토피테쿠스로 하여금 큰 체구로 무장을 하게끔 만들었을까요? '킹콩'을 탄생시킨 이 무시무시한 천적은, 놀랍게도 인간이었을 가능성이 있습니다.

인류와 킹콩의 싸움

기간토피테쿠스가 중국 남부에 살던 시기는 약 120만 년 전부터 30만 년 전까지입니다. 당시 동아시아에는 호모 에렉투스가 대륙 전체에 퍼져서 살고 있었습니다. 호모 에렉투스는 큰 짐승을 사냥해 먹었습니다. 저우커우뎬 등 중국 지역의 호모 에렉투스 유적에서는 말뼈가 많이 발견됩니다. 사냥을 한 뒤 발라 먹고 버린 뼈입니다. 아시아에서 말이 멸종한 이유가 바로 호모 에렉투스가 잡아먹어서라는 얘기가 있을 정도입니다.

그렇다면 혹시 호모 에렉투스가 기간토피테쿠스도 잡아먹었을까요? 아직까지는 그런 흔적이 발견되지 않았습니다. 최소한 기간토피테쿠스와 호모 에렉투스의 뼈가 함께 발견돼야 하는데, 그런 적조차 없습니다. 베트남에서 호모 에렉투스의 치아와 함께 기간토피테쿠스의 이빨이 발견됐다는 미국 아이오와 대학교 인류학과의 러스 시어헌(Russ Ciochon) 교수의 연구 결과가 있긴 했습니다만, 시어헌 교수는 2009년에 호모 에렉투스의 이빨이 아니었다고 입장을 철회했습니다.

그렇다면 호모 에렉투스와 기간토피테쿠스 사이에는 아무런 관련이 없었을까요? 그렇지는 않았을 것입니다. 인류학자들은 둘 사이에 치열한 경쟁이 있었을 것이고, 그것이 기간토피테쿠스의 멸종을 가져

왔을 것으로 추정하고 있습니다. 대나무 지대에서 살던 기간토피테쿠스는 대나무를 주식으로 하는 판다와 경쟁 관계에 있었습니다. 그런데 여기에 호모 에렉투스가 끼어들며 경쟁이 치열해졌습니다. 호모 에렉투스는 대나무를 먹지 않았는데, 왜 경쟁 구도가 됐을까요? 호모 에렉투스가 도구를 만드는 데에 대나무를 썼을 가능성이 있기 때문입니다. 동아시아의 호모 에렉투스는 아프리카나 유럽에 비해 돌로 만든 도구가 조잡하고, 그 수도 적습니다. 그 이유를 놓고, 일부 학자들은 아시아의 호모 에렉투스가 돌 대신 당시 동남아시아에 풍부하게 자라나던 대나무로 도구를 만들었기 때문이라고 주장합니다. 대나무 도구는 석기에 비해 지금까지 남아 있기 힘들기 때문에 도구가 없는 것처럼 보일 뿐이라는 것이지요. 아무튼 이 주장에 따르면, 호모 에렉투스는 도구를 만들 목적으로 대나무 숲을 마구 베었고, 기간토피테쿠스가 살 곳은 점점 줄어들었습니다.

그뿐 아닙니다. 굶주림까지 겪었습니다. 기간토피테쿠스는 대나무 숲에 살았지만 대나무를 주식으로 하지는 않았습니다. 이빨을 보면 여느 유인원처럼 다양한 먹을거리를 고루 먹고 살았죠. 특히 충치 흔적이 많은 것으로 보아 달콤한 과일을 즐겨 먹은 것으로 추정하고 있습니다. 그런데 이빨을 보면 영양실조를 의미하는 에나멜 형성 부전(enamel hypoplasia)이 나타나는 경우가 많습니다. 성장기에 영양실조에 걸렸던 흔적입니다. 열대가 아무리 식물 종이 풍성하다고 해도, 킹콩 같은 기간토피테쿠스가 과일 등을 배불리 먹을 정도는 아니었던 모양입니다.

기간토피테쿠스가 살던 중기 플라이스토세는 점점 건조하고 추워지는 추세였습니다. 기간토피테쿠스는 점점 춥고 건조해지는 기후, 줄어드는 서식지 때문에 생존의 위협을 겪었습니다. 게다가 먹을거리까지 부족해지자 큰 몸집을 계속 유지하는 데 어려움을 겪었습니다. 그래서 역사상 가장 커다란 영장류였던 킹콩은 결국 멸종하고 말았습니다.

기간토피테쿠스의 이야기는 단순히 비운의 종에 대한 것만은 아닙니다. 인간은 플라이스토세 내내 줄어드는 자원을 놓고 다른 동물과 경쟁을 했고, 이들을 모두 제치며 세상에서 가장 우세한 종으로 살아남았습니다. 기간토피테쿠스는 그 중 하나의 예에 불과하겠죠. 저는 기간토피테쿠스를 생각할 때마다 오랑우탄이 떠오릅니다. 오랑우탄은 기간토피테쿠스가 살던 동남아시아 삼림 지역에서 살고 있습니다. 이들 역시 몸집이 크고 암수 크기 차이도 큽니다. 그러나 오랑우탄은 단일 수컷-복수 암컷이 무리 지어 생활하지 않습니다. 그렇다고 단일 수컷-단일 암컷 짝짓기를 하는 것도 아닙니다. 희한하게도, 오랑우탄은 외톨이처럼 철저히 홀로 생활합니다. 혹시 오랑우탄의 홀로서기는 인간이라는 무시무시한 천적의 눈을 피하기 위한 고육지책이 아니었을까요? 그들은 거대한 친척, 기간토피테쿠스의 멸종에서 배웠는지 모릅니다. 유인원의 가장 무서운 천적은 인간이라는 사실을요.

인간은 지금도 모든 유인원들에게 천적입니다. 멀지 않은 미래에 인간은 다른 모든 유인원을 멸종에 이르게 하고 홀로 살아남게 될지도 모릅니다. 그리고 그때 인간은 스스로를 자랑스럽게 생각하지 않을지도 모릅니다.

거인의 로망

인간의 문화와 역사에는 어마어마한 몸집을 가진 거인이 자주 등장합니다. 유대-기독교에서 등장하는 골리앗은 스칸디나비아, 로마, 그리스 신화에 등장하는 무수한 거인 중의 하나일 뿐입니다. 지금도 히말라야의 설인 예티(Yeti)나 북아메리카의 거인 빅풋(Bigfoot, 또는 사스콰치(Saskwatch))을 보았다는 사람들, 혹은 그들을 찾으러 길을 떠나는 사람들이 잊을 만하면 나타나곤 합니다.

고인류학의 역사 속에서도 인류의 직접 조상과 관련해서 거인이 등장한 적이 있습니다. 인도네시아 자바 섬에서 발견된 고인류 화석 중에 크기가 꽤 큰 머리뼈, 턱뼈와 이빨들이 있습니다. 이들은 "커다란 인류"라는 뜻으로 메간트로푸스(*Meganthropus*)라는 속명이 붙여졌습니다. 베이징 원인 연구로 유명한 프란츠 바이덴라이히(Franz Weidenreich)는 『유인원, 거인, 그리고 인간(*Apes, Giants, and Man*)』(1946년)이라는 책을 썼지요. 메간트로푸스는 지금 호모 에렉투스의 일원으로 정리되었습니다. 그리고 학계는 거인 종의 존재에 대해서는 일말의 가능성도 고려하지 않고 있습니다. 그런데 기간토피테쿠스는 정말로 거대한 몸집의 유인원이었습니다. 그리고 호모 에렉투스와 같은 시기에 같은 지역에서 살았습니다. 혹시 기간토피테쿠스에 대한 기억이 인류의 총체적 기억에 자리 잡아서 거인 종의 전설과 신화로 전해 내려오는 것은 아닐까, 하고 근거 없는 상상을 해 봅니다.

14장
문명 업은 인류, 등골이 휘었다?

잘 알려져 있듯, 인간은 두뇌가 뛰어난 종입니다. 공부를 통해 지혜와 지식을 배우고 전하는 전통도 여기에서 나왔습니다. 이 때문일까요. 사람들은 인류가 다른 동물과 구분되는 가장 큰 특징으로 뛰어난 두뇌를 꼽는 경향이 있습니다.

뛰어난 두뇌는 큰 머리 크기와 관련이 있습니다. 인류는 유난히 두뇌 크기가 극적으로 변한 동물에 속합니다. 초기 인류의 화석을 보면, 두뇌 용량은 침팬지와 비슷한 수준인 450시시(cc) 정도밖에 안 됩니다. 현생 인류의 3분의 1 수준이지요. 이렇게 작았던 두뇌는 약 200만 년 전 900시시로 2배 가까이 증가했고, 약 10만 년 전에는 현생 인류 평균치인 1300시시에 이르렀습니다. 무엇이 이런 변화를 이끌었을까요? 돌로 만든 도구는 지금부터 250만 년 전에 나타났습니다. 최초의 인류가 나타난 600만 년 전보다 200만~300만 년 더 지난 뒤의 시점입니다. 언어는 화석으로 남아 있지 않지만, 적어도 두뇌가 커진 다음에 나타났을 것입니다. 두뇌 크기의 증가는 이렇게, 다른 인류의 고유한 특징들보다 먼저 나타났을 가능성이 높았습니다. 무엇보다 '지혜로운 인간'이라는 뜻의 종명(호모 사피엔스)을 지닌 종이 아닌가요. 인류가 지혜롭게 환경에 적응하고 도구를 사용하며 문화와 언어를 가지게 된 기원을 뛰어난 두뇌, 그리고 큰 머리에서 찾는 것은 자연스러워 보였습니다.

물론 틀린 말은 아닙니다. 하지만 그렇다고 인류를 진화하게 한 최초의 원동력까지 뛰어난 두뇌라는 이야기는 아닙니다. 인간을 인간답게 만든 최초의 특징은 머리와 반대 방향인 다리 쪽에서 나타났습니다(3장 '최초의 인류는 누구인가?' 참조).

머리보다 다리가 뛰어났던 인류

1974년, 동아프리카의 에티오피아에서 화석 하나가 발굴됐습니다. 발굴하던 그 순간, 라디오에서는 비틀즈의 노래 「루시, 다이아몬드와 함께 저 하늘 위에(Lucy in the Sky with Diamonds)」가 흘러나오고 있었습니다. 이 화석에는 '루시(Lucy)'라는 애칭이 붙었습니다. 인류학 역사에서 가장 유명해진 화석이 빛을 보는 순간이었지요.

루시는 약 330만 년 전에 살았던 종으로, '오스트랄로피테쿠스 아파렌시스'라는 이름이 붙었습니다. 1970년대에는 아파렌시스 화석이 많이 발견됐는데 루시는 그 대표적인 화석이었습니다. 이 화석은 목위 머리뼈는 거의 없는 상태로 나왔습니다. 당시로서는 가장 오래된 인류 화석에 속했는데, 사람들이 그토록 확인하고 싶어 하던 머리 크기를 확인할 방법이 없었죠. 하지만 인류학자들의 시선을 사로잡은 특성은 따로 있었습니다. 바로 다리였습니다.

과거에 살던 어떤 동물이 두 발로 걸었는지 혹은 네 발로 걸었는지는 화석으로 남아 있는 뼈를 보면 알 수 있습니다. 네 발로 걷는 동물은 네 다리로 체중이 분산됩니다. 하지만 두 다리로 걷는 동물은 팔로는 체중이 분산되지 않아 두 다리에 힘이 몰리는 경향이 있습니다. 체중을 받은 관절은 크기가 커지기 때문에 쉽게 확인할 수 있지요. 따라서 두 다리가 몸과 연결되는 엉덩관절(고관절)과 두 팔이 몸과 연결되는 어깨관절의 크기를 보면, 그 종이 생전에 몇 개의 다리를 써서 걸었는지 알 수 있습니다.

인류학자들은 초기 인류 화석으로 남아 있는 어깨관절뼈를 확인해봤습니다. 과연 크기가 작았습니다. 체중을 지탱하지 않았다는 뜻입니다. 반면 엉덩관절과 무릎관절이 커졌습니다. 모양도 변해서, 무릎관절은 평평하고 튼튼해졌고, 엉덩관절은 움푹 파인 모양이 됐습니다. 웬만해서는 관절이 빠지지 않게 된 것입니다. 반면 어깨관절은 그런 변화가 발견되지 않았습니다. 지금도 어린이의 어깨관절은 빠지기 쉽습니다. 모든 것이 체중이 두 다리로 분산됐다는 사실을 뒷받침하고 있습니다.

두 발로 걷는다는 것은 단순히 두 발로 서 있는 것과 다릅니다. 지금 일어나서 한 번 두 발로 걸어 보세요. 한 걸음 한 걸음 내디딜 때마다 막상 땅과 맞닿는 발은 하나뿐입니다. 그 한 발이, 정확하게 말하면 그 발의 엄지발가락이, 온몸의 체중을 모두 받습니다. 두 발로 걷는다고 표현하지만 사실은 한 발로 걷는 셈이나 마찬가지입니다. 한 발로 서 있는 자세에서 가장 큰 문제는 중심을 못 잡고 비틀거리다 쓰러질 수도 있다는 점입니다. 게다가 걸을 때와 같이 양쪽을 번갈아 가면서 한 발로 체중을 지탱해야 한다면 몸의 중심을 안정적으로 잡는 일이 매우 중요합니다. 이를 위해 인류는 발가락, 발목, 무릎, 다리, 그리고 골반에서 큰 변화를 일으켰습니다. 엉덩뼈(골반)와 허벅다리뼈(대퇴골)를 연결하는 근육들을 다른 목적으로 쓰게 되었습니다. 다리를 앞뒤로 움직이는 동작에 쓰던 엉덩이와 허벅지 근육은 다리를 앞뒤로 움직이기보다는 옆으로 비틀거리는 상체를 안정적으로 잡아 주는 기능을 하게 되었습니다.

한쪽 다리에 가해진 체중은 마지막에 엄지발가락까지 전해진 뒤에야 다른 쪽 다리로 옮겨집니다. 체중을 온전히 견뎌야 하기 때문에, 인간의 엄지발가락은 발가락 중에서 가장 크고 튼튼해졌을 뿐만 아니라, 다른 발가락과 마찬가지로 몸의 앞쪽을 향하게 됐습니다. 다른 유인원의 엄지발가락이 인간의 손가락처럼 옆을 향하고 있는 것과 대비되지요.

루시가 두 발로 걸었다고 발표한 것은 미국 켄트 주립 대학교 오언 러브조이 교수와 미국 UC 버클리 대학교 팀 화이트(Tim White) 교수입니다(러브조이 교수는 1981년에 《사이언스》에 발표한 러브조이 가설로 앞서 2장에서 이미 등장한 바 있습니다.). 1979년에는 영국의 고인류학자 매리 리키(Mary Leakey) 박사가 탄자니아의 라에톨리 지역에서 화산재 위로 걸어간 발자국이 선명하게 남아 있는 유적을 발견했습니다. 직립 보행을 했다는 분명한 증거 같았지만, 학계는 이를 어떻게 받아들여야 할지를 두고 논란에 휩싸여 있었습니다. 여기에 루시가 기름을 부은 셈입니다.

인류학자들은 그 뒤로도 약 20년 동안이나 머리가 먼저인지 다리가 먼저인지 결론을 내리지 못했습니다. '인간다움'이 머리끝이 아닌 발끝에서 시작됐다는 사실을 받아들이기가 그토록 힘들었던 것입니다. 하지만 이제는 논의가 정리됐고, 모두가 두 발 걷기가 우선이었다는 사실을 받아들이고 있습니다.

요통의 기원, 두 발 걷기

하지만 사람이 되는 일은 쉽지 않았습니다. 두 발로 걷는 일에는 대가가 필요했는데, 말 그대로 고통이 따랐습니다. 두 발로 걸으려면 몸통이 항상 곧추세워져 있어야 합니다. 그 결과 체중의 상당 부분이 허리뼈와 골반뼈에 몰리게 됐습니다. 이 무게는 다시 두 다리에 몰리게 됐고, 특히 걸을 때는 한쪽 다리에 한꺼번에 몰리게 됐습니다. 그 결과 인간의 허리와 무릎, 엉덩관절은 끊임없이 몸 전체의 무게를 지탱해야 하는 형벌 아닌 형벌을 받게 됐습니다. 네 다리에 체중을 분산할 수 있는 동물과는 상황이 다르지요. 인간이 유독 허리와 무릎 통증으로 고통 받는 것은 이런 이유 때문입니다.

더군다나 여자들의 허리는 남자에 비해 훨씬 더 무거운 짐을 평생 지고 살아야 했습니다. 불과 얼마 전까지, 여자는 일생의 대부분을 임신을 하거나 젖먹이를 안은 상태로 보내야 했습니다. 어른이 되자마자 쉴 새 없이 임신과 육아를 반복하면서 다섯이나 여섯, 많게는 열두 명의 아이를 낳았죠. 갱년기를 지나 할머니가 된 다음에는 손주를 안아 줘야 했습니다. 허리와 다리에는 더 큰 무리가 갔습니다.

심장도 피로해졌습니다. 네 발로 걷는 짐승은 심장이 몸 위쪽에 있습니다. 온몸 구석구석으로 피를 보낼 때 중력의 도움을 받을 수 있어 손쉽습니다. 예외적으로 목 길이가 2미터에 달하는 기린이 있지만, 대신 머리가 몸에 비해 유별나게 작고 심장은 유별나게 커서 어려움을 극복하고 있습니다.

인간은 두 발로 서는 바람에 심장의 상대적인 위치가 네 발로 걷는 동물보다 낮아졌습니다. 겨우 키의 중간 즈음에 위치하게 됐죠. 그 결과 머리는 물론이고 가슴과 어깨, 양팔이 모두 심장보다 높은 위치에 있게 됐습니다. 심장은 이제 몸 위로 상당량의 피를 올려 보낼 의무가 생겼고, 과거보다 훨씬 큰 부담을 졌습니다. 그것뿐만이 아닙니다. 인간의 두뇌는 어마어마할 정도로 커서, 기린의 경우와는 비교할 수 없이 피가 많이 필요해졌습니다. 인간의 두뇌는 가만히만 있어도 전체 에너지의 20퍼센트, 많게는 최고 50퍼센트까지 혼자 소모할 정도니, 말 다했지요.

이제 인간의 심장은 가장 많은 피를 가장 높은 곳까지, 중력의 방향을 거슬러 가며 쉴 새 없이 올려 보내게 됐습니다. 인간의 심장은 영원히 이길 수 없는 싸움을 하는 그리스 신화의 시시포스(Sisyphus)와도 같습니다. 끝도 없이 피를 몸의 꼭대기로 퍼 올립니다. 언제 백기를 들어도 이상하지 않은 상황입니다. 인간은 다른 동물보다 심장과 관련한 사망률이 높을 수밖에 없습니다.

두 발 걷기는 출산의 고통도 늘렸습니다. 인간은 아기 때부터 머리가 큽니다. 머리가 큰 태아가 빠져나오려면 어머니의 골반은 그만큼 넓어야 합니다. 그러나 문제가 있습니다. 두 발로 걸으려면, 골반은 반대로 좁을수록 좋거든요. 걸을 때는 양쪽 엉덩관절 사이의 폭이 좁고 가까워야 뒤뚱거림도 줄어들어 에너지를 효율적으로 쓰고, 빨리 달릴 수 있습니다. 마라톤 등 장거리 달리기 선수들의 몸 모양을 생각해 보면 됩니다. 대체로 좁고 긴 모양입니다. 이렇게 엉덩관절 사이가 좁아지니 자연히 골반도 좁아졌고, 골반이 좁아지니 골반이 만들어 내는 산도(아기가 태어나는 길)도 그만큼 좁아졌습니다. 반면 태어나는 아기의 머리는 평균적으로 산도의 너비보다 큽니다. 그러다 보니, 출산을 할 때면 어머니는 골반이 통째로 벌어지는 과정을 겪어야만 합니다. 생뼈가 갈라지는 출산의 고통은 상당 부분, 인류가 두 발로 걸으며 지불한 대가입니다.

인류 문명은 요통의 대가

물론 두 발 걷기가 인류에게 고통만 준 것은 아니었습니다. 인류는 두 발 걷기 덕분에 다른 '인간다움'의 특성을 얻을 수 있었거든요. 바로 문화입니다. 두 발 걷기는 손과 팔을 보행에서 해방시켰습니다. 자유로워진 손과 팔은 도구를 만들고 사용하는 데 활용할 수 있었습니다.

윗몸도 함께 보행에서 해방됐습니다. 그 결과 횡격막이 자유로워졌습니다. 숨쉬기를 자유롭게 할 수 있게 됐고, 목소리를 자유자재로 낼 수 있게 됐습니다. 목소리는 언어를 탄생시켰습니다. 이렇게 해서 도구와 언어라는, 인류 문화와 문명의 토대가 완성되었습니다.

두뇌가 커진 것도 역시 걷기 덕분입니다. 도구를 만들고 사용하려면 뛰어난 지능이 필요합니다. 언어를 사용할 만큼 복잡한 사회생활을 하려고 해도 지능이 필요하고, 이는 곧 큰 두뇌를 의미합니다. 하지만 두뇌는 그냥 커질 수 없습니다. 두뇌는 지방으로 이뤄진 기관입니다. 고지방, 고단백의 식생활이 필수입니다. 이런 식생활은 도구를 이용해 고기를 정기적으로 확보하고 섭취한 이후에야 가능했습니다. 모든 게 두 발로 걸은 이후에 서로 영향을 주고받으며 이뤄진 일입니다.

두 발로 걸으면서 인류는 문화와 문명을 꿈꿀 수 있었습니다. 그러나 그 이면에는 요통과 심장병, 그리고 출산의 위험과 고통이 있었습니다. 오늘도 문명을 위해 묵묵히 희생한 허리와 심장을 위해 잠시 자리에서 일어나 기지개라도 켜 보세요. 그리고 일어난 김에 어머니께 감사의 문자 메시지라도 하나 보내 드리면 어떨까요? 여러분을 낳으신 고통과 맞바꾼 덕분에 인류가 얻을 수 있었던 문명의 이기, 휴대 전화로 말이에요.

침팬지도 두 발로 걷는데?

인간 말고도 두 발로 걷는 짐승은 많다고 주장하는 사람도 있습니다. 고릴라와 침팬지, 그리고 좀 다르지만 새도 두 발로 걷지요. 아주 틀린 말은 아닙니다. 그러나 이들에겐 달리 움직일 수 있는 방법이 있습니다. 새는 날 수 있습니다. 날지 못하는 새라도, 펭귄은 물속에서 긴 시간 헤엄칠 수 있습니다. 타조는 시속 60~70킬로미터의 속도로 달릴 수 있습니다. 침팬지와 고릴라는 네 발로도 걸을 수 있으며, 나무를 타거나 가지에 매달려서 두 팔을 이용해 잽싸게 움직일 수 있습니다.

반면, 우리 인간은 두 발로 걷는 것 외에는 다른 이동 방법이 없습니다. 고릴라처럼 네 발로 길 수 있다고요? 아마 몇 미터 못 가서 허리를 펴며 두 발로 일어나야 할 겁니다. 진정한 움직임이라고 할 수 없겠지요.

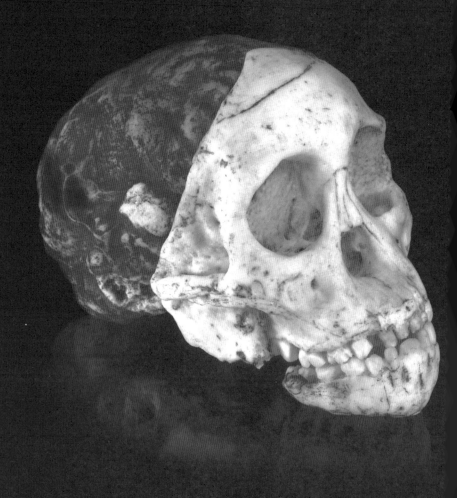

1920년대 남아프리카에서 발견된 '타웅 아이', 오스트랄로피테쿠스 아프리카누스의 두개골 화석

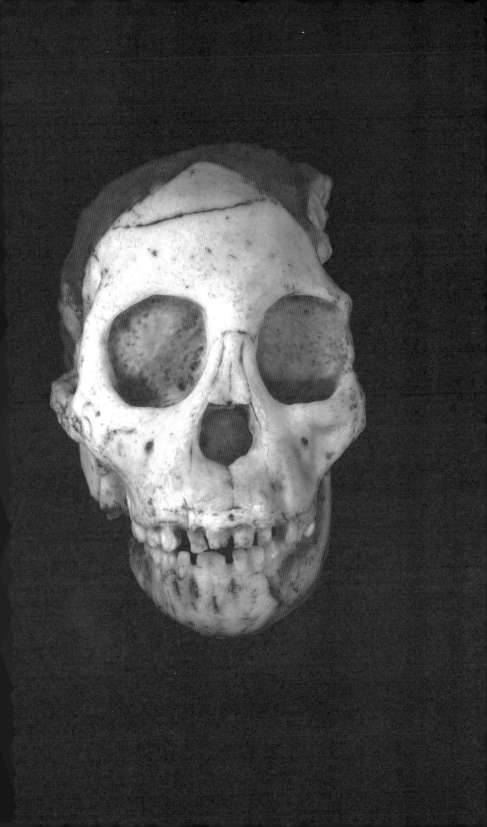

15장
가장 '사람다운' 얼굴 찾아 반세기

2012년 8월 초, 영국의 과학 학술지 《네이처(*Nature*)》의 표지는 한 고인류의 옆얼굴 화석이 장식했습니다. 약간 길쭉하긴 하지만, 제법 사람의 형태를 구별할 수 있는 얼굴이었지요. 문득 질문이 하나 떠오릅니다. 도대체 '사람다운' 얼굴이란 어떤 모습일까요?

《네이처》의 표지를 장식한 고인류 화석은 'KNM-ER 62000'이라는 고유 번호를 가지고 있습니다. 케냐의 유명한 고인류학 유적지인 쿠비 포라에서 발견돼, 《뉴욕 타임스》를 비롯해 여러 매체에서 대서특필했던 화석입니다. "인류 진화의 역사가 뿌리째 흔들리다."라는 요란한 말과 함께요. 도대체 어떤 화석이었기에 진화 역사를 다시 썼다는 건지도 궁금합니다. 그리고 '사람다운' 화석과는 어떤 관계가 있을지도요.

오늘은 고인류학계에서 가장 유명한 가족 이야기를 하려고 합니다.

놀랍게도 아버지, 어머니부터 아들, 며느리, 그리고 손녀까지 3대에 걸쳐 오로지 인류 화석과 진화만 연구한 가족이 있습니다. 바로 영국-케냐의 고인류학자 리키(Leakey) 가문입니다. 이것은 단순한 가족사가 아닙니다. 반세기에 걸쳐 이뤄진, '사람다운' 얼굴을 되찾고 그 근원을 찾으려는 길고 험난한 여행의 기록입니다.

최초의 인류 화석을 찾아서

시작은 1960년대로 올라갑니다. 당시 케냐에서 왕성한 발굴을 하던 고인류학자 부부가 있었습니다. 영국의 루이스 리키 박사와 매리 리키 박사는 우리 인류가 속한 호모속(속은 종의 상위 개념으로 호모속은 호모 사피엔스의 친척을 모두 일컫습니다.)의 기원을 밝힐 화석을 찾기 위해 고심하고 있었습니다. 쉽게 말해 최초의 호모속 화석을 찾는 일이었지요.

당시에 발견된 고인류 화석으로는 200만 년 전 등장했다고 생각되던 남아프리카의 오스트랄로피테쿠스 아프리카누스와 70만 년 전에 나타났다고 생각되던 동아시아와 동남아시아의 호모 에렉투스가 대표적이었습니다. 리키 부부는 최초의 호모속은 오스트랄로피테쿠스 아프리카누스보다는 나중에 나왔고 호모 에렉투스보다는 원시적인 종일 거라고 내다봤습니다.

1960년대 내내 열심히 발굴을 한 리키 부부는 고인류학계에서도 손꼽히는 눈부신 성과를 냈습니다. 오스트랄로피테쿠스가 남아프리카뿐 아니라 동아프리카에서도 번성했다는 사실을 알아냈습니다(이 전에 많이 발굴됐던 오스트랄로피테쿠스 아프리카누스는 남아프리카에서 주로 발굴됐습니다.). 또 탄자니아 라에톨리 지역에서 유명한 '화산재 위의 두 발자국' 유적을 발견했습니다. 이는 인류가 직립 보행을 한 것이 기존 예측(70만 년 전, '곧선사람'인 호모 에렉투스 시대)보다 훨씬 전인 330만 년 전이라는 사실을 밝히는 귀중한 성과였습니다. 큰 치아를 지닌 '오스트랄로피테쿠스 보이세이(또는 당시 명명법에 따라 '진잔트로푸스 보이세이(*Zinjanthropus boisei*),혹은 파란트로푸스 보이세이(*Paranthropus boisei*))'의 대표적인 두개골도 발견했습니다. 하나하나가 고인류학 역사의 이정표로 삼을 만한 대발견이었습니다.

그러나 정작 가장 열망하던 호모속의 기원은 쉽게 찾지 못했습니다. 리키 부부는 실망이 컸습니다. 그러던 중 탄자니아의 올두바이(Olduvai)에서 손뼈 하나를 발견했는데, 리키 부부는 이 손뼈에서 도구를 만드는 손의 모습을 발견했습니다. 꿈에 그리던 호모속의 조상을 찾은 것일까요? 리키 부부는 이 종에 '손재주가 있는 사람'이라는 뜻의 호모 하빌리스라는 이름을 붙였습니다.

아버지의 꿈, 아들이 완성하다

하지만 리키 부부의 열망이 완전히 이뤄진 것은 아니었습니다. 손뼈 화석만 발굴해서는 완벽한 증거가 되지 못합니다. 인류 화석은 대부분 두개골을 기준으로 이름을 붙입니다. 얼굴과 머리에서 특징이 나타나야 합니다. 쓸 만한 도구를 만들 만큼 큰 두뇌를 가지려면 큰 두개골과 곧게 선 이마가 필수입니다. 다행히 이어진 발굴에서 화석이 발굴되기 시작했습니다. 그런데, 역설적으로 이때부터 호모 하빌리스의 역사는 삐걱거리기 시작했습니다.

이 무렵 동아프리카에서 쏟아져 나온 고인류 화석 두개골은 크기에 따라 두 가지로 분류됐습니다. 작은 화석은 진잔트로푸스로 분류됐고, 큰 화석은 호모 하빌리스가 됐습니다. 그런데 문제가 생겼습니다. 두개골 화석은 조각난 파편으로 발견됐는데, 아무리 경험 많은 고인류학자라도 이 파편만으로 정확한 전체 크기를 알기 어려웠습니다. 그래서 어떻게 했을까요? 주먹구구식에 가깝게, '머리가 큼직해 보이면' 호모 하빌리스로 분류했습니다.

이런 와중에 1970년대에 케냐 북부의 고인류 화석 유적 쿠비 포라에서 이제까지의 파편과는 다른, 비교적 온전한 두개골 화석을 발견하는 데 성공했습니다. KNM-ER 1470라는 고유 번호가 붙여진 이 화석은 호모 하빌리스의 특징을 보여 주는 두개골이었습니다. 발굴한 사람은 리처드 리키라는 젊은 고고학자였습니다. 이름에 '리키'가 들어간 것은 우연이 아니었습니다. 바로 루이스 리키와 매리 리키의 아들이었으니까요. 리처드는 어려서부터 부모를 따라 발굴 현장을 다녔는데, 1970년대에는 이미 부모 못지않은 열정과 자질로 세계적인 고인류학자가 돼 있었습니다.

리처드 리키가 발표한 화석은 사람들이 예상했던 대로 두뇌 용량이 크고 위로 곧게 선 이마를 가지고 있었습니다. 사람다운 머리와 얼굴이 화석으로 확인된 셈입니다. 호모속의 조상이 되기에 손색이 없었죠. 이제 손뼈에서 이름을 얻었던 '호모 하빌리스'는 두개골 화석과 함께 명실상부한 최초의 호모속 인류로서 당당히 인정받는 듯했습니다.

하지만 현실은 호락호락하지 않았습니다. 동아프리카에서는 이후에도 끊임없이 고인류 화석이 발견됐습니다. 이들은 크기나 모양 등 모호하고 혼란스러운 기준에 따라 계속해서 진잔트로푸스 또는 호모 하빌리스로 분류됐습니다. 중간에 기준이 혼선을 겪기도 했습니다. 도구를 만들기 위해서는 무조건 머리만 커서 되는 게 아니라 '똑똑해 보이는' 두뇌가 중요하다는 의견도 나왔습니다. 구체적으로는 '이마가 훤칠한(즉 앞머리가 발달한)' 두개골이어야 호모 하빌리스라는 말도 나왔습니다. 그래서 이번에는 이마의 기울어진 각도가 좀 높다 싶으면(즉 이마가 위로 섰다 싶으면) 호모 하빌리스로 분류했습니다. 이렇게 주먹구구식의 오락가락하는 분류를 해 왔으니 결과는 짐작할 수 있겠지요. 어느 순간에 인류학자들이 그동안 분류한 호모 하빌리스 화석을 죽 늘어놓고 보니, 도저히 하나의 종이라고 부르기 힘들 만큼 각양각색인 화석이 뒤섞여 있기에 이르렀습니다. 호모 하빌리스는 여러 특성이 혼재하는 '천의 얼굴'을 가진 인류였습니다. 어떻게 말하면 '다양한 얼굴을 지닌 하나의 종'이지만, 다르게 말하면 공통점이 없어 도저히 하나의 종이라고 부를 수 없는 '유명무실한 화석 종'이었습니다. 실체가 없는 임의적인 분류군이었죠.

사실 이런 호모 하빌리스 문제의 핵심은, 고인류학의 가장 중요한 주제 중 하나와 관련이 있습니다. 바로 '다양성'입니다. 어떤 두 사람을 놓고 비교해 본다고 합시다. 똑같이 생긴 사람은 아무도 없습니다. 일란성 쌍둥이라고 해도 조금씩 다릅니다. 임의의 두 사람이 생김이 서로 다른 이유는 대개 몸집 크기, 성별, 그리고 나이 때문입니다. 하지만 아무리 이런 차이가 있어도 우리는 이들이 모두 '사람'이라는 하나의 종에 속한다는 사실을 압니다. 이렇게 같은 종 사이에서 보이는 생김새의 다양성을 우리는 '종 내 다양성(intraspecific variation)'이라고 부릅니다. 종 내 다양성과 대비되는 개념은 '종간 다양성(interspecific variation)'입니다. 예를 들어 사람 한 명과 침팬지 한 마리를 놓고 비교해 보면 둘은 매우 다릅니다.

이제, 개체의 다양성에는 두 가지가 있다는 사실을 알게 됐습니다. 같은 종 사이의 다양성이면 종 내 다양성, 다른 종 사이의 다양성은 종간 다양성입니다. 이번에는 상황을 뒤집어 보겠습니다. 다양성의 양상을 보면, 반대로 두 개체가 서로 같은 종 사이인지 다른 종 사이인지 알 수 있습니다. 예를 들어 크기만 다르고 생김새가 대략 비슷하면 같은 종으로 분류할 수 있습니다. 성별에 따른 차이만 보인다면 역시 같은 종입니다. 나이에 따른 차이를 보여도 마찬가지입니다. 개체별로 특징이 달라도 기본적인 특징이 비슷하면 같은 종입니다.

이제 고인류학자들은 방대한 화석을 마주하고, 이들이 보이는 놀라운 다양성을 놓고 고민에 빠졌습니다. 그동안 발굴한 호모 하빌리스 화석들을 같은 종의 다른 모습(종 내 다양성)이라고 봐야 할까요, 아니면 아예 다른 종(종간 다양성)으로 분류해야 할까요? 모두 하나의 종이라는 학자도 있었지만, 적어도 두 개의 다른 종이 들어가 있으니 한 시라도 빨리 재분류해야 한다는 학자도 있었습니다. 이런 '재분류'파에 속하는 학자들은 화석 중 머리가 큰 개체를 따로 모아 '호모 루돌펜시스(Homo rudolfensis)'라는 새로운 종으로 분류했습니다.

이 과정에서 리처드 리키가 발표한 '최초의 온전한 호모 하빌리스 두개골 화석'(KNM-ER 1470)도 표류했습니다. 우선, 머리 크기로 따져 보니 하빌리스가 아니라 호모 루돌펜시스로 다시 분류해야 했습니다. 그런데 막상 분류하고 보니 또 다른 문제가 있었습니다. 이 화석은 머리는 컸지만, 코 아래 얼굴은 호모 하빌리스와 똑같이 생겼던 것입니다. 이 화석이 호모 하빌리스와 호모 루돌펜시스와도 다른 특성을 지닌 제3의 화석일 수 있다는 뜻입니다. 마지막으로 이 점이 가장 큰 문제였는데, 발굴된 다른 어떤 화석 중에서도 리처드 리키의 화석과 같은 형태를 지닌 화석이 없었습니다. 그러니까, 리처드가 발굴한 화석은 특이한 예외로 학자들의 머리를 갸우뚱하게 했습니다.

또 다른 초기 인류 발굴한 미브 리키와 손녀 루이즈

호모 하빌리스를 발굴한, 리키 가문의 2세대 학자 리처드 리키는 1990년대 이후 환경 보호와 정치에 뜻을 두고 발굴 현장에서 멀어졌습니다. 주로 코뿔소 보호 운동을 했는데, 그 와중에 헬기 추락 사고를 당해 두 다리를 잃었습니다. 그 뒤로는 현장에서 완전히 떠났지요. 하지만 리키 가족의 발굴이 끝난 것은 아니었습니다.

2008~2009년, 쿠비 포라에서 또 다른 두개골 화석이 발견됐습니다. 화석은 코를 중심으로 한 얼굴뼈와 아래턱뼈 두 점이었습니다. 바로 2012년 8월 《네이처》 표지에 실린 화석인 KNM-ER 62000입니다. 《네이처》에는 연구 논문도 함께 실렸는데, 내용은 간단합니다. 이번에 발표된 화석이 리처드 리키가 1970년대에 발표했던 화석인 KNM-ER 1470과 아주 흡사하다는 것이었습니다. 리처드의 화석은 더 이상 '외롭고 특이한' 예외적인 화석이 아니었습니다. 새로운 종(호모 루돌펜시스)의 대표 화석이 됐죠. 이를 통해 200만 년 전의 초기 호모속은, 호모 하빌리스 혼자가 아니었다는 사실이 밝혀졌습니다. 최소한 두 종의 인류가 아프리카를 거닐고 있었던 것입니다.

이제, 우리 인류가 속한 '호모'속의 탄생과 진화를 둘러싼 40년에 걸친 논쟁은 새로운 국면으로 접어들었습니다. 하지만 연구 결과와 별개로, 이 발굴과 연구를 이끈 연구자의 이름에 다시 눈이 가는 것은 어쩔 수 없습니다. 미브 리키(Meave Leakey)와 루이즈 리키(Louise Leakey). 각각 리처드 리키의 아내와 딸입니다. 2대와 3대로 이어진 두 여성의 끈질긴 연구가, 남편 그리고 아버지와 인연이 깊은 고인류 화석의 운명을 다시 쓰고 있습니다.

'믿는 대로 보인다.': 루돌펜시스 화석

리처드 리키가 발표한 화석 KNM-ER 1470은 운명이 기구합니다. 처음에는 하빌리스로 분류됐다가 40년이나 지나 다시 루돌펜시스로 분류된 점만 해도 그렇지요. 그런데 생김새에도 비밀이 많습니다. 학자들은 이 화석이 곧게 선 이마와 아래로 쭉 내려오는 얼굴을 지녔으며, 이것은 현생 인류의 대표적인 생김새를 나타낸다고 믿었습니다. 흔히 영화나 만화에서 '원시인'을 묘사할 때 삐죽 나온 입과 뒤로 누운 납작한 이마를 넣는다는 점을 생각해 보면 이해가 가지요.

그런데 사실 리처드의 화석은 '상상 속의 복원'이라는 치명적인 약점이 있습니다. 발굴 당시 이 화석은 미간과 콧등 사이가 부러진 상태였습니다. 둘을 연결하는 부위의 뼈는 아예 남아 있지 않지요. 그러니까 미간과 콧등이 만나는 각도는 전적으로 학자들이 추정한 결과인 셈입니다. 혹시 이마를 더 뒤로 눕히고 콧날을 앞으로 더 튀어나오게 복원할 수는 없을까요? 가능합니다! 그렇게 복원해도 역시 그럴듯한 인류 화석이 됩니다. 다시 말해 이 화석이 호모 하빌리스의 특징이라고 당시 널리 받아들여지고 있던 곧게 선 이마를 가져야 할 이유는 없었던 것입니다. 어쩌면 이 화석이 갖고 있는 '인간적인' 생김새는, 호모 하빌리스를 발굴하고 싶다는 염원이 만들어 낸 결과였을지도 모르겠습니다.

16장
'머리가 굳는다'는 새빨간 거짓말!

"사람은 평생 두뇌의 10퍼센트도 채 안 되는 부분만 사용한다. 나머지는 죽을 때까지 하나도 쓰지 않지."

어렸을 때 학교에서 이런 이야기를 듣고 어린 마음에 얼마나 안타까웠는지 모릅니다. 2014년에 개봉한 영화 「루시(Lucy)」의 트레일러도 바로 이 명제를 선언하며 시작합니다. 이렇게 큰 머리를 가지고 있어 봤자 아무런 소용이 없다니! 하지만, 이 이야기는 전혀 근거가 없는 잘못된 가설입니다.

머리와 관련된 근거 없는 가설은 또 있습니다. '어른이 되면 머리가 굳는다.'는 이야기입니다. 그러니까 자라나는 어린 시절에는 머리가 '말랑말랑해서' 배우고 쓸 수 있지만, 일단 성장기가 지나서 어른이 되면 '굳어서' 더 이상 배울 수 없다는 거죠. 이 주장 역시 근거가 없다는 것이 최근의 연구 결과입니다. 생각해 보면 당연합니다. 머리가 찰흙도 아닌데, 굳는다니 이상하지요.

노인의 뇌와 아이의 뇌는 다르다

어린 시절에 하기 쉬운 일과 노년에 하기 쉬운 일은 각기 다릅니다. 예를 들어 단순 암기는 어렸을 때가 훨씬 더 쉽습니다. 반면 정보를 모으고 연결, 종합해서 조금 더 고차원적인 정보로 만드는 일은 어린아이보다는 어른에게 더 쉽습니다. 뇌세포의 차이 때문입니다. 아이들은 어머니의 뱃속에 있는 태아 시절부터 성장하는 내내 뇌세포를 만들어냅니다. 뇌세포가 늘어나니 정보도 쉽게 쌓지요. 그런데 6~7살이 되면 이미 머리 크기가 어른의 80~90퍼센트에 이릅니다. 그 이후로는 새로운 뇌세포가 거의 만들어지지 않고, 새로운 정보 역시 어린 시절보다는 받아들이기 힘들어집니다.

그럼 기나긴 인생의 나머지 긴 시간 동안 두뇌는 놀기만 하는 걸까요? 아닙니다. 두뇌는 뇌세포를 서로 연결하는 새로운 작업에 돌입합니다. 뇌세포의 연결은 결코 쉽거나 간단한 일이 아닙니다. 생각해 볼까요? 뇌세포가 2개 있으면 가능한 연결선은 하나입니다. 뇌세포 3개가 만들어 낼 수 있는 연결선은 3개입니다. 그런데 뇌세포 4개가 서로 연결할 수 있는 선은 6개로 껑충 뜁니다. 뇌세포가 6개가 되면 연결은 15개가 됩니다. 이런 식으로 연결 가능한 선은 점점 늘어납니다. 그런데 사람의 뇌세포는 무려 1000억 개나 됩니다. 연결 가능한 수는 무한에 가깝게 늘어납니다.

물론 모든 뇌세포가 다른 모든 뇌세포와 연결되는 건 아닙니다. 하나의 뇌세포는 주변의 다른 몇 개의 뇌세포와 연결될 수 있을 뿐입니다. 그래도 연결할 수 있는 수는 무척 많습니다. 대략 1세제곱밀리미터의 작은 용량 안에 6억 개의 뇌세포 연결이 존재한다고 하니, 부피가 1400시시(cc)인 뇌에는 어림잡아도 840조 개의 연결이 있다고 볼 수 있습니다(보통 사람의 감각으로는 헤아릴 수 없을 만큼 큰 수입니다!).

뇌세포의 접합부(synapse)는 정보를 모으고 연결시켜 '큰 그림'을 그리는 데 중요합니다. 이는 뇌세포의 생성이 멎은 이후에도 뇌가 활발하게 활동한다는 뜻입니다. 두뇌가 굳는다거나 10퍼센트만 사용한다는 건 불가능한 일이지요.

살아 있는 인간의 두뇌에서 순간순간 작동하는 부분은 극히 미미할지 모릅니다. 그러나 영국 옥스퍼드 대학교 실험 심리학과의 로빈 던바(Robin Dunbar) 교수가 주장한 '사회 두뇌 이론(social brain theory)'에 따르면, 속해 있는 집단의 크기가 커지면서 집단 구성원에 대한 정보, 그리고 집단 구성원끼리의 관계에 대한 정보가 천문학적으로 늘어나는데, 두뇌는 이를 저장해 두고 다양하게 쓰는 기능을 합니다. 마치 우리가 매일 쓰는 컴퓨터의 하드, RAM이나 프로세서도 순간적으로는 일부만 사용하더라도 더 크고 더 빠른 것이 필요하듯 말이죠.

생각해 보면 인간의 머리는 계속 말랑말랑할 수밖에 없습니다. 인간의 머리 크기는 6~7세 때에 거의 완성됩니다. 다 컸다고 해서 머리가 제 구실을 하는 것은 아닙니다. 머리는 크기가 완성된 다음부터 본격적으로 자란다고 해도 과언이 아닙니다. 천문학적으로 많은 수의 뇌 신경 접합을 만들어 가면서 삶의 노하우를 쌓아 갑니다.

인류는 머리만 자랐다!

이렇게 엄청난 용량의 정보 저장과 처리 기능을 가지고 있는 인류의 두뇌는 언제부터 커졌을까요? 그 시기를 알면 왜 커졌는지도 알 수 있습니다. 사람의 두뇌 크기 연구에서 남자 어른 주먹 한 개 반 정도의 크기인 450시시(cc)는 중요한 기준입니다. 인류는 처음부터 큰 두뇌를 가지고 등장하지 않았습니다. 최초의 인류 조상인 오스트랄로피테쿠스의 두뇌 용량은 450시시가 채 안 됩니다. 갓 태어난 사람 아기의 두뇌 용량 역시 450시시가 안 되지요. 사람과 가장 가까운 유인원인 침팬지 어른의 두뇌 용량 역시 450시시가 안 됩니다.

수백만 년 전 초기 인류는 두뇌 크기가 이렇게 작지만, 지금부터 200만 년 전에는 2배인 900시시가 됩니다. 시간에 따른 두뇌 용량의 증가 추세를 살펴보면 200만 년 전을 기준으로 확 빨라집니다. 200만 년 전은 우리 인류의 직접적인 조상인 호모속이 탄생하는 시점입니다. 그리고 다시 150만 년이 지난 뒤(지금부터 50만 년 전)에는 3배인 1350시시로 늘어났습니다. 증가 추세는 지금부터 5만 년 전까지 계속되어 네안데르탈인의 경우 현대 인류보다 평균적으로 더 큰 두뇌 용량을 보입니다.

머리는 왜 커졌을까요? 도구 제작과 사용이 두뇌의 발달을 가져왔다는 생각은 오랫동안 정설이었습니다. 200만 년 전에 호모속과 함께 석기가 등장하자 제작된 도구를 사용하여 짐승을 사냥하고 고기와 지방을 꾸준히 먹을 수 있게 되었습니다. 그리고 그 덕분에 두뇌가 더더욱 커질 수 있었다는 것이죠. 많은 학자들이 오랜 기간 동안 도구의 제작과 사용, 수렵 생활, 그리고 두뇌의 발달이 인류 진화의 고차원적인 원동력이라고 생각했습니다. 그러나 도구의 제작과 사용을 위해서라고 하기에는 인간 두뇌는 황당할 만큼, 불필요할 만큼 큽니다. 인간의 두뇌는 그 크기가 절대적으로 클 뿐 아니라, 두뇌 중에서도 높은 수준의 결정을 행하는 대뇌 피질(cerebral cortex)이 유난히 큽니다.

이토록 뛰어난 두뇌가 도구의 제작과 사용이라는 고상한 일보다는 다른 곳에 주로 사용된다는 학설이 있습니다. 그것이 앞서 말한 사회 두뇌 이론입니다. 무리를 지어 생활하는 동물들일수록, 그리고 같이 생활하는 무리의 크기가 클수록 대뇌 피질이 큽니다. 인류학자인 던바는 사람들이 하는 이야기를 엿듣는 일이 주된 연구 활동이었습니다. 그는 사람들의 대화 내용을 수년 동안 엿듣고 분석한 결과, 남녀 할 것 없이 종교, 철학, 정치보다는 주로 사람에 대한 이야기를 한다는 것을 발견했습니다. 수다는 주로 여자들의 독점물인양, 마치 남자들은 수다를 떨지도 않고, 떨어서도 안 된다고 우리는 생각합니다. 그러나 자세히 들어 보면 남자들 역시 이야기하기를 제일 좋아하고, 이야기의 주제 역시 평범한 일상에 대한 것입니다. 밤새워 수다 떨기를 좋아하는 것에는 남녀의 구별이 없습니다. 자신이든 다른 사람이든, 사람들에게 벌어진 이야기, 혹은 사람들 사이에서 일어난 이야기, 그러니까 주로 수다를 떨기 위해 머리를 쓴다는 주장을 하면서 던바는 이를 사회 두뇌 이론이라고 명명했습니다.

두뇌 크기는 무리 생활과 관계가 있다는 이야기입니다. 과연 사회성이 높은 동물일수록 두뇌 크기가 큽니다. 무리의 크기가 커지면서 각 개인에 대한 정보도 늘어나고, 각 개인이 이룰 수 있는 관계의 수는 기하급수적으로 늘어납니다. 모든 정보를 취합하고 정리하여 필요에 따라 다시 수습할 수 있는 하드웨어 및 소프트웨어가 우리의 두뇌입니다.

직립 보행을 하게 된 인간은 그 손에 주먹도끼를 쥐어 봤자 광활한 아프리카의 초원에서는 가소롭기 짝이 없는 존재입니다. 가련한 인간의 혼자 힘으로는 짐승을 잡기에 역부족이었기 때문에 집단 수렵을 할 수밖에 없었습니다. 그리고 집단 수렵 활동을 위해서는 탄탄한 사회 구조가 필요했습니다. 게다가 사계절마다 변하고 주기적으로 찾아오는 빙하기의 환경에서 살아남기 위해서는 집단적인 정보 취합체가 절대적으로 필요했습니다. 인간에게 사회생활은 여가를 활용하기 위한 취미 생활이 아닌, 처절한 생존 전략이었습니다. 그리고 원활한 사회생활을 하기 위해서는 사회 구성원 개개인에 대한 정보와 이해가 필수입니다. 그러한 정보를 수집, 교환하고 이해하기 위해서, 소통의 수단으로 언어가 발생하고 발달하였으며 그 주된 기능이 바로 수다인 셈입니다.

수다를 통해서 주고받는 정보는 살아가는 데에 직접적으로 도움이 되는 종류는 아닙니다. 예를 들어, 간헐천이 어디에 생겼더라, 얼마 전에 사자가 영양을 잡는 것을 보았는데 곧 하이에나 떼가 달려들 테니까 그 전에 가서 고기를 가져오도록 하자 등은 건조하고 식자원이 줄고 있는 아프리카 초원에서 살아남기 위해서 꼭 필요한 정보입니다. 또한 눈으로 덮인 계곡에서 샅샅이 먹을 것을 찾아다닌 결과를 동굴 속에서 기다리고 있던 가족들에게 알려 주는 일 역시 매우 중요합니다. 그러나 수다의 주제는 누가 아기를 가졌더라, 누가 누구랑 요즘 같이 다니더라, 내가 요즘 눈이 잘 안 보인다는 등의 일상생활에 관한 것입니다.

수다는 입으로 하는 털 다듬기(grooming)라는 이야기가 있습니다. 대부분의 영장류는 서로의 털을 만져 주고 이물질을 떼어 주면서 관계를 돈독하게 합니다. 나보다 지위가 높은 원숭이를 만나면 먼저 털을 다듬어 주면서 내가 그보다 낮은 지위에 있다는 사실을 주지하고 있음을 분명하게 하죠. 그러나 집단의 크기가 커지면서 모두에게 일일이 직접 털을 다듬어 줄 수 없게 되었습니다. 그 대신 말로 하게 되었습니다. 직접 털을 다듬는 일은 한 번에 한 명에게만 할 수 있습니다. 반면에 말로 하면 한 번에 여러 명에게 할 수 있습니다. 말하자면 말로 때울 수 있게 된 것입니다.

고기 먹은 인류는 얼굴이 날씬해

인류의 큰 머리는 공짜로 생기지 않았습니다. 많은 에너지를 확보해야 하고, 이 에너지는 동물성 음식으로 충당해야 했습니다. 이를 위해 맹수가 자는 한낮에 동물의 사체 찌꺼기를 먹어야 했습니다(5장 '아이 러브 고기' 참조).

그런데 육식으로 에너지를 확보한다고 해서 머리가 바로 커질 수는 없습니다. 몇 가지 해결해야 할 문제가 있거든요. 우선 한정된 에너지를 놓고 머리와 경쟁하는 다른 장기가 있습니다. 대표적인 게 소화 기관입니다. 둘 다 커질 수는 없으니, 머리가 커지려면 소화 기관으로 가는 에너지가 줄어야 합니다. 이것이 바로 영국 런던 대학교 인류학과 레슬리 아이엘로(Leslie Aiello) 교수와 피터 휠러(Peter Wheeler) 교수가 1995년 발표한 '비싼 조직 가설(expensive tissue hypothesis)'입니다. 실제로 다양한 동물들을 비교해 보니, 과연 두뇌 크기와 소화 기관 크기는 반비례한다는 결과가 나왔습니다.

두 번째 문제는 두뇌 크기에 맞춰서 머리뼈도 자라야 한다는 점입니다. 그런데 머리뼈가 크려면 머리뼈에 연결되어 있는 근육이 먼저 작아져야 합니다. 그래야 머리뼈가 자랄 공간이 생기니까요. 머리뼈와 연결된 근육 중 가장 큰 근육은 씹는 근육(저작 근육)입니다. 이 말은, 두뇌가 커지려면 씹는 근육이 작아져야 한다는 뜻입니다. 흥미롭게도, 실제로 씹는 근육에 돌연변이를 유도해서 크기를 작게 만들었더니, 동물의 머리뼈가 지나치게 커졌다는 연구가 있습니다.

두 가지 문제를 인류 진화와 연관 지어 보겠습니다. 200만 년 전, 아프리카에는 자연에 서로 다르게 적응한 세 종의 친척 인류가 있었습니다. 바로 초식인 파란트로푸스 보이세이와, 동물들이 먹고 남은 사체 찌꺼기를 먹은 호모 하빌리스, 그리고 사냥을 한 호모 에렉투스입니다. 이 중 초식인 보이세이는 두뇌가 작은 대신(500시시) 이빨이 어마어마하게 컸습니다. 씹는 근육도 발달해 턱뼈와 광대뼈도 엄청나게 컸습니다. 반면 육식을 주로 한 호모 에렉투스는 상대적으로 큰 두뇌(1000시시)를 가진 대신, 이빨이 작고 씹는 근육 역시 작았습니다. 식습관과 두뇌 크기 사이에 놀라울 정도로 관련이 있어 보입니다.

유지비가 많이 드는 두뇌를 위해, 인류는 다시 동물성 단백질과 지방을 끊임없이 확보하고 섭취해야 했습니다. 그러기 위해 사냥과 채집을 해야 했죠. 움직이는 동물에 대한 정보와, 끊임없이 변화하는 주변 환경에 대한 정보를 기억하고 종합했습니다. 이 과정에서 가장 중요한 인류의 '무기'가 나타납니다. 바로 사회적 협동입니다. 속해 있는 집단의 크기가 커지면서, 집단의 구성원에 대한 정보와 그들 사이의 관계에 대한 정보가 천문학적으로 늘어났습니다.

인류의 큰 두뇌는 이런 다채로운 정보를 저장해 두고 상황에 따라 응용하게 됐습니다. 이것이 인류가 큰 두뇌를 지니고 있는 진짜 이유입니다. 두뇌 속의 뇌세포를 동시에 100퍼센트 쓰지 않더라도 많은 뇌세포를 지니는 것, 큰 두뇌를 지니는 것이 유리합니다. 상황에 대처할 수 있는 능력을 축적해 둬서, 유사시 빠르게 반응할 수 있기 때문입니다.

이제 마지막으로 질문 하나를 던지며 글을 마치려 합니다. 저와 미국 미시간 대학교 인류학과의 밀포드 월포프 교수가 같이 쓴 논문에 따르면, 인류의 두뇌는 200만 년 전부터 5만 년 전까지 꾸준히 커졌습니다. 이 연구에는 5만 년 전 이후의 자료는 포함돼 있지 않습니다. 최근의 추세는 알 수 없다는 뜻이지요. 그럼 추정을 해 볼까요? 5만 년 전부터 지금까지, 인류의 머리 크기는 어떤 변화를 겪었을까요? 아까 농담처럼 '인류의 머리가 점점 더 커지지 않을까?'라고 말했지만, 사실은 정반대라는 이야기가 있습니다. 인간의 머리가 오히려 작아지고 있다는 것이죠. 확실한 건 자료를 통해 연구를 해 봐야 알겠지만, 사실이라면 정말 흥미로운 이야기가 아닐 수 없습니다. 글자가 발명되고 컴퓨터가 발달하면서 두뇌가 하는 일 중 상당한 부분을 대신하게 됐기 때문일까요?

어쩌면 현생 인류는, 수백만 년의 긴 진화 역사를 거스르는 놀라운 변화를 지금 경험하는 중인지도 모르겠습니다.

큰 두뇌가 가져온 비만의 저주

큰 머리를 유지하기 위해 인류는 높은 칼로리를 얻고자 항상 노력해 왔습니다. 그렇게 노력해도, 인류 역사 전체를 통틀어 먹을거리는 늘 부족했죠. 하지만 이제 적어도 세계의 몇몇 나라에서는 먹을거리가 넘치도록 풍부합니다. 우리는 건강에 나쁘다는 것을 알면서도 눈앞에 있는 높은 칼로리의 음식을 뿌리치지 못하고 먹고야 맙니다. 2004년에 개봉된 다큐멘터리 영화 「슈퍼 사이즈 미 (Supersize Me)」에는 한 달 동안 맥도날드에서 파는 음식만 먹는 주인공이 등장합니다. 영화의 주인공은 실험을 지속한 지 한 달 후 간수치가 위험할 정도로 높아졌다는 것을 발견합니다. 이 영화는 맥도날드에서 파는 음식이 얼마나 건강에 해로운지 알리는 것이 목적입니다만, 저는 이 영화를 보면서 그렇게 해로운 음식을 그렇게 많이 먹고도 죽지 않는 인간에게 감탄을 하곤 합니다. 그뿐만이 아닙니다. 세계 곳곳에서 열리는 많이 먹기 대회, 인터넷에서 인기 있는 '먹방'을 봐도 마찬가지입니다. 식탐은 모든 동물에게 마찬가지지만, 특이하게도 인류는 그렇게 먹고도 몸에 치명적인 문제가 생기지 않습니다. 대신 심장병과 당뇨 등 만성적인 질병의 위협에 시달리게 됐습니다. 이것은 인류의 큰 머리가 가져온 또 다른 대가입니다.

17장
너는 네안데르탈인이야!

"너는 네안데르탈인이야!"

만약 누군가에게 이런 말을 들었다면, 어떤 기분이 들까요? 우선 네안데르탈인에 대해 잘 몰라 칭찬인지 흉인지 고개를 갸웃하는 사람이 있을 것입니다. 네안데르탈인은 유럽 대륙에서 약 30만 년 전부터 2만~3만 년 전까지 살던 친척 인류입니다.[3] 먼 아시아에서 나고 자란 한국 사람에게는 낯선 것도 무리가 아니지요. 혹시 학교에서 배운 지식을 떠올릴 수 있다면 '나를 원시인이라고 부르는구나.'라고 생각할

---

3) 네안데르탈인이 언제부터 언제까지 살았는지에 대해서는 정답이 없습니다. 이는 어떤 화석을 네안데르탈인으로 부를 것인지, 어떤 유적을 네안데르탈인의 유적으로 여길 것인지 동의된 바가 없기 때문입니다. 역사적으로 네안데르탈인은 유럽의 빙하기인 뷔름기(Würm), 그러니까 10만 년에서 3만 년 전까지 유럽에서 살던 화석 인류를 가리켰습니다. 그러나 이제는 그 전후로도 네안데르탈인이라고 불리는 화석이 등장하고, DNA 자료가 축적되면서 정확히 언제 네안데르탈인이 살았는지는 계속 논란이 되고 있습니다.

겁니다. 그래도 구체적으로 네안데르탈인의 모습이 떠오르지 않아 좋은 말인지 나쁜 말인지 판단이 잘 안 서겠지요.

하지만 유럽 사람들은 다릅니다. 아주 큰 모욕감이나 분노를 느낄 테니까요. 얼마 전까지만 해도 유럽 사람들에게 네안데르탈인을 닮았다는 말은 '넌 짐승이야.'라는 말과 같았습니다. 우리와 가장 가까운 인류 친척인데, 네안데르탈인은 왜 심한 욕의 주인공이 됐을까요?

창피한 친척

네안데르탈인은 다윈이 『종의 기원(Origin of Species)』(1859년)을 발간하기 전인 1856년부터 발견됐습니다. 처음엔 괴상한 뼈 모양 때문에 관심을 모았지요. 하지만 이내 우리 현생 인류와 관련이 있는지, 있다면 조상인지 여부를 놓고 뜨거운 논쟁을 일으키게 됩니다.

제가 대학원 과정을 다니던 1990년대 미국 미시간 대학교도 논쟁의 중심지 중 하나였습니다. 당시 고인류학계에서는 네안데르탈인이 현생 인류와 관계가 있다는 주장과 없다는 주장이 대립했습니다. 고인류학계에서는 관계가 있다는 주장이 대세였습니다. 네안데르탈인에 대한 연구는 주로 화석을 통해 이뤄졌는데, 네안데르탈인 화석에서 볼 수 있는 형질적인 특징이 현생 인류의 뼈에서도 보였기 때문입니다.

자연히 네안데르탈인과 인류가 별로 관련이 없다는 '반대파'는 극소수에 불과했습니다. 그런데 흥미로운 일은 학계 밖에서 일어났습니다. 사회 전반적으로는 현생 인류와 네안데르탈인이 관계가 없다는 주장에 공감하는 사람들이 더 많았던 것입니다. 당시 저는 이 분위기를 접하곤 당혹스러웠습니다. 네안데르탈인이 우리와 관계가 있으면 어떻고 없으면 어떨까요. 조상이면 어떻고 아니면 어떨까요. 어차피 그저 화석이 보여 주는 증거에 따른 객관적 사실일 뿐이고, 더구나 이미 수만 년 전의 이야기인걸요. 하지만 서구인들에게 이 문제는 그리 단순하지 않았습니다. 자료는 객관적 이성에 호소할지 모르지만 그에 대해 반응하는 것은 주관적 감성입니다. 네안데르탈인이 나의 조상이냐 아니냐의 문제는 구미인들에게는 민족 감정의 문제입니다. 이들에게 네안데르탈인은, 밖에 내놓고 말하기 창피한 친척이었어요. 네안데르탈인이 3만 년 전이든 10만 년 전이든 내 혈통과 관련되었다는 것이 싫은 모양입니다. 왜일까요?

서구 사람들이 네안데르탈인에 대해 부정적인 생각을 갖게 된 결정적인 계기는 20세기 초, 프랑스 라샤펠오생에서 발견된 화석입니다. 두개골과 몸통, 팔다리뼈가 남은 이 화석의 주인공은 좀 구부정한 모습을 했던 것으로 추정됩니다. 나이가 들고 생전에 험하게 생활을 해서 관절이 망가졌기 때문이지요. 하지만 발견 당시에 사람들은 다르게 받아들였습니다. 원래 둔하고 구부정하게 생겼다고 해석했으며, 이를 바탕으로 네안데르탈인은 아둔하고 멍청하다고 낙인을 찍었지요. 화석이 발견된 다음 해인 1909년에 영국 런던의 한 신문에 게재된 네안데르탈인의 상상도는 바로 이런 낙인을 반영하고 있습니다. 구부정한 몸, 털로 덮인 피부, 입은 반쯤 벌어져 있고 게슴츠레한 눈은 우락부락하고 둔한 눈두덩에 가려 있습니다. 이마는 좁고 뒤로 납작하게 누워 있습니다.

식민지 원주민을 의식한 투박한 외모

이런 외모, 어디선가 많이 본 듯하지 않나요? 바로 유럽 사람들이 생각했던 식민지 사람들, '미개한 원주민'의 모습입니다. 네안데르탈인이 원주민의 모습과 닮게 복원됐던 것은 우연이 아닙니다. 당시 서양 사람들의 의식의 한 측면이 숨어 있었던 것이지요.

그들에게 원주민은 미개하기 때문에 문명사회로 이끌어 줘야 할 대상이었습니다. 그래서 식민지로 만들어 발전의 기회를 제공해야 한다고 생각했지요. 그런데 네안데르탈인을 봅시다. 서양인들에게 네안데르탈인은 무식하게 힘으로 동물을 잡아먹고 짐승처럼 울부짖으며 동굴 속을 헤매던, 사람이라기보다는 짐승에 가까운 존재였습니다. 그러다가 훤칠한 이마와 강한 턱, 굳게 다문 입을 가진 멋진 외모의 크로마뇽인(Cro-Magnon, 호모 사피엔스, 그 중 특히 유럽인의 조상)에게 밀려나 멸종되고 말았고요. 서양 사람들에게 크로마뇽인은 세련된 사냥 기술과 언어, 문화를 지닌 진정한 사람이었습니다. 반면 네안데르탈인은 사람이 되지 못한 존재였으며 미개했지요. 미개했기 때문에 진정한 사람에게 멸종 당하게 된 운명이나(네안데르탈인), '미개하게' 살다가, 서양인들에 의해 식민지가 된 이후에야 '문명사회'로 발전할 기회를 얻은 운명이

나(식민지의 원주민), 분명 닮은 구석이 있습니다. 이렇게, 서양 사람들이 네안데르탈인을 바라본 시선에는 이들이 식민지 원주민을 바라보던 시선이 스며 있었습니다. '넌 네안데르탈인이야.'라는 말이 치욕스럽게 들린 이유가 여기에 있습니다.

이런 인식은 꾸준히 이어졌습니다. 1990년대에는 유전학을 이용해서도 증명되는 듯했습니다. 현생 인류의 DNA 연구를 기초로 해, 네안데르탈인이 현생 인류와 관련이 없다는 주장이 나왔습니다. 유전자에서 곧바로 인류의 진화 역사를 읽는다는 이 새로운 방법은 학계를 깜짝 놀라게 만들었습니다. 이어 독일 막스플랑크 연구소 스반테 패보(Svante Pääbo) 박사팀은 아예 네안데르탈인 화석에서 직접 추출한 고DNA를 분석하는 기술을 선보였습니다. 패보 박사는 이 연구에서 네안데르탈인과 현생 인류의 DNA가 다르며 전혀 섞이지 않았다는 연구 결과를 냈습니다. 네안데르탈인이 현생 인류의 조상일 수 없다는 뜻이지요. 미토콘드리아 DNA(mtDNA) 1만 3000개의 염기 서열을 분석한 결과와 핵 DNA(nDNA) 100만 개를 분석한 결과도 같았습니다. 고리타분하게 느껴지는 화석을 연구하는 기존의 접근법과는 달리, 화석에서 직접 DNA를 채취해 분석했다는 연구 결과는 최첨단의 느낌을 줬습니다. 마치 영화 「쥬라기 공원(Jurassic Park)」(1993년) 같은 상상력을 자극하며 사람들에게 널리 환영 받았지요.

이제 네안데르탈인이 인류의 친척이 아니라는 사실은 거의 기정사실처럼 됐습니다. 2000년이 되자 이들이 현생 인류에 의해 사라졌다는 생각도 당연하다는 듯 널리 퍼졌지요. 이들이 사라진 이유에 대해서는 여러 가지 가설이 나왔습니다. 직접적인 무력 충돌이 일어났고, 막강한 현생 인류의 무기 덕분에 현생 인류가 네안데르탈인을 살육했다는 가설에서부터, 서로 직접 부딪히지는 않았지만 현생 인류 특유의 뛰어난 적응력을 바탕으로 경쟁에서 이겼다는 가설까지 나왔습니다. 어느 경우든, 한 가지 사실은 변함이 없었습니다. 이들 사이에 절대 피는 섞이지 않았다는 사실이지요.

네안데르탈인도 말을 했다?

그런데 또다시 10년 뒤인 2010년에 세상을 놀라게 한 반전이 일어났습니다. 패보 박사가 더 혁신적인 방법으로 네안데르탈인의 게놈을 추출해 해독한 것입니다. 30억 쌍이 넘는 염기 서열을 분석하는 대작업이었습니다. 결과는 충격적이었습니다. 네안데르탈인은 현생 인류의 유전자에 흔적을 남겼으며, 유럽인들 역시 4퍼센트 정도는 네안데르탈인으로부터 유전자를 물려받았다는 사실이 드러났습니다. 유럽인들은 네안데르탈인의 피를 물려받은 후손이었습니다!

더 놀라운 것은 이런 유전자의 중요성입니다. 어쩌다 섞인 불필요한 유전자가 아니라 각각 후각, 시각, 세포 분열, 정자 건강성, 평활근 수축 조절 등을 담당하여 생존에 필수적인 유전자들이었습니다. 특히 놀라운 것은 언어와 관련된 FOXP2 유전자입니다. 이 유전자에 돌연변이가 생기면 말을 할 수 없게 됩니다. 최근 이 유전자가 발견된 후, 학자들은 과연 네안데르탈인에게도 이 유전자가 있을지 관심을 가졌습니다. 네안데르탈인이 말을 할 수 있었는지, 만약 한다면 어느 정도 할 수 있었는지는 오랜 논쟁 주제였거든요. 과연 이들은 현생 인류 수준의 말을 했을까요, 혹은 '버벅거리는' 수준의 서툰 말을 했을까요?

그동안 네안데르탈인이 말을 할 수 없다고 주장하는 사람들은 FOXP2 유전자가 인류와는 다를 것이라고 예상했습니다. 이들은 당연히 게놈(유전체) 해독 결과가 나오자 FOXP2 유전자를 찾아봤지요. 연구 결과는 학자들을 한 번 더 충격에 빠뜨렸습니다. 네안데르탈인의 FOXP2 유전자는 현생 인류와 똑같았습니다. 네안데르탈인은 정말 우리와 비슷한 수준의 말을 했던 것일까요?

유전자만으로는 언어 사용 여부를 확실히 알 수 없을지도 모른다고 생각한 학자들은 다른 연구에 돌입했습니다. 언어를 사용하는 현생 인류 두뇌의 핵심적인 특징은 대뇌가 좌우 비대칭이라는 점입니다. 대뇌 곳곳이 언어에 관여합니다만, 특히 중요한 부위는 좌뇌와 관련이 많습니다. 그런데 뇌가 좌우 비대칭이라면, 반드시 몸의 좌우 어느 한쪽을 더 자주 쓰게끔 만듭니다. 그래서 오른손잡이나 왼손잡이처럼 한손잡이가 생깁니다.

따라서 만약 네안데르탈인이 한손잡이라는 사실을 알 수 있으면, 뇌가 언어를 쓸 수 있는 비대칭 구조였는지를 역으로 추정할 수 있을 것입니다. 미국 캔자스 대학교 인류학과의 데이비드 프레이어(David Frayer) 교수가 이끄는 연구팀은 기발한 방법으로 이 아이디어를 실제로 연구에 도입했습니다. 연구팀은 네안데르탈인 화석의 이빨에 주목했습니다. 네안데르탈인은 이빨을 도구로 이용하기로 유명합니다. 치열을 보면 닳은 면이 울퉁불퉁 이상하게 나 있거든요. 그냥 음식물을 먹는 데에만 썼다면 위아래 이가 서로 부딪혀 닳았을 테니 닳은 면이 고르게 나 있어야 하는데 이상하지요. 먹는 일뿐만 아니라, 뭔가 다른 일을 할 때에도 썼다는 뜻입니다. 예를 들어 고기나 질긴 식물 등을 자를 때엔 한쪽을 이로 꽉 깨물고 손으로 고기나 식물의 다른 쪽을 쥡니다. 그런 뒤에 다른 손으로 석기를 쥐고 내리 그어서 자르는 식입니다. 그런데 만약 이렇게 고기를 자르다가 석기의 방향이 조금 틀어지면 어떨까요? 바로 옆에 있던 이빨의 표면을 긁게 되고, 이빨에 그 긁힌 흔적이 남을 것입니다. 그 흔적의 각도를 보면 석기를 오른손으로 내리 그었는지 왼손으로 내리 그었는지 알 수 있겠지요. 기발한 연구 방법이지요? 실제로 이 방법으로 자료를 연구한 결과, 네안데르탈인은 9대 1로 오른손잡이가 많았다는 사실을 알 수 있었습니다. 이 비율은 현생 인류에게서 발견할 수 있는 비율과 비슷합니다. 이들이 우리만큼 언어를 사용했을 가능성은 한층 높아졌습니다.

당신 안의 네안데르탈인, 내 안의 동남아시아인

이후 최근까지의 연구를 통해 차츰 드러난 네안데르탈인은 더 이상 짐승처럼 울부짖는 미개한 원시인의 모습이 아니었습니다. 도구를 사용했고, 척박한 환경 속에서도 사냥을 하고 채집을 했습니다. 적갈색

안료를 사용해 몸을 치장할 줄 알았으며, 죽은 사람을 정성 들여 매장하는 풍습도 있었습니다. 사람 못지않게 유창한 말을 했을 가능성도 높습니다. 심지어 현생 인류의 독창적인 발명품이라고 생각했던 동굴벽화 역시 네안데르탈인이 먼저 시작했다는 연구 결과도 나오고 있습니다.

역사는 한 바퀴 돈다고 하지요. 최초로 화석이 발견된 대표적인 네안데르탈인 유적지이자 20세기 인종주의의 최고 온상이었던 독일에서는 이제는 반대로 네안데르탈인을 인정하는 듯한 움직임이 일어나고 있습니다. '나는 네안데르탈인입니다(Ich bin ein Neandertaler.).'라고 쓰인 글귀를 여기저기에서 볼 수 있습니다. 1963년 존 F. 케네디 미국 대통령이 독일 베를린을 방문하면서 했던 'Ich bin ein Berliner.'로 시작하는 유명한 연설문을 활용한 어귀입니다. 네안데르탈인이 조상이라는 사실을 받아들인다는 뜻일까요? 혹은 어떻게든 튀고 싶은 젊은 세대의 색다른 발상이 표출된 것뿐일지도 모르겠습니다. 하지만 저는 네안데르탈인을 인종 편견이 어린 시선으로 보던 시대가 저무는 것이라고 조심스럽게 예측해 봅니다. 네안데르탈인을 인종 차별적인 시선으로 보던 역사, 마찬가지로 식민지와 그 원주민 역시 멸시의 시선으로 폄하하던 역사에서 벗어나고 있다고요. 보다 다양성을 추구하는 사회가 됐다는 증거라고요.

네안데르탈인에 대한 생각 끝에, 한국을 생각합니다. 한국도 조상에 대한 관심이 큰 나라입니다. '자랑스런' 민족의 자손임을 확인하고 싶은 것이겠지요. 그런데 생각해 보면 이상합니다. 자랑스러운 조상은 무엇이고 그렇지 않은 조상은 무엇일까요? 학교에서는 한민족의 조상이 동북아시아 또는 시베리아에서 왔다고 배웁니다. 동북쪽의 대륙에서 우리가 유래했다는 사실에 대해 우리는 큰 거부감을 갖고 있지 않습니다. 그런데 만약, 우리의 조상이 실은 동남아시아에서 왔다고 하면 어떤 기분이 들까요? 거부감이 들까요? 그렇다면 한 번 생각해 보세요. 그 거부감이 혹시 지금 한국인들이 동남아시아 사람들에게 갖고 있는 편견에서 나온 것은 아닐지요? 그렇다면, 20세기 초 유럽인들이 네안데르탈인을 보며 갖던 편견과 무엇이 다를까요?

네안데르탈인이 제작해 사용했던 것으로 추정되는 무스테리안 석기

18장
미토콘드리아 시계가 흔들리다

　우람한 어깨와 두꺼운 가슴, 굵은 팔다리. 네안데르탈인은 우락부락하게 생겼던 것으로 추정됩니다. 요즘 유행하는 시쳇말로 하면 '몸짱'이었을지도 모르겠습니다. 하지만 오히려 부정적으로 본 사람도 많았습니다. '무식하게' 생겼다고 말이죠.

　화석으로만 보면, 여러 가지 형질 부분에서 네안데르탈인과 현생 인류는 비슷한 점이 많습니다. 그래서 고인류학자들은 처음에 네안데르탈인이 현생 인류의 조상이라고 생각했습니다. 그러면서도 한편으로는, 어떻게 하면 이렇게 야만적인 몸을 지닌 네안데르탈인이 현생 인류라는 '멋진' 종의 조상이 될 수 있는지 궁금해 했습니다.

　네안데르탈인이 현생 인류의 조상이라는 생각은 1987년 레베카 칸(Rebecca Cann) 당시 미국 UC 버클리 연구원(현 하와이 대학교 인류학과 교수) 팀이 《네이처》에 발표한 논문으로 바뀌었습니다. 세계 각지의 현생 인류가 갖고 있는 미토콘드리아 유전자(mtDNA)를 분석한 결과, 네안데르탈인과 현생 인류는 피가 섞이지 않았다는 결론이 나왔거든요. 물론 지금은 피가 섞인 것으로 밝혀졌지만요.

화석이 된 과거 인류에 대한 연구를, 화석이 아니라 현생 인류의 유전자를 통해 할 수 있게 됐다는 것은 대단히 놀라운 일이었습니다. 기술적으로도 놀랍지만, 발상 역시 대단한 상상력을 필요로 하는 뛰어난 것이었습니다. 어떻게 현생 인류의 유전자를 바탕으로 네안데르탈인과의 관계를 밝혔을까요? 바로 우리 유전자의 '시작'을 추적하는 방법이었습니다. 당시 유전학자들이 '네안데르탈인은 현생 인류의 조상이 될 수 없다.'고 확신하게 된 이유는 하나였습니다. 현생 인류가 태어난 장소와 시간을 되짚어 따져 보니, 최초의 조상은 아프리카에서 15만 년 전 이내에 태어났다는 사실을 알 수 있었거든요. 네안데르탈인은 그보다 훨씬 오래전(약 30만 년 전)부터 살았기 때문에, 그들이 우리의 조상이라는 가설은 성립되지 않게 된 것이지요.

이 연구 이후, 유전학자들이 대거 인류의 진화를 밝히는 데 뛰어들었습니다. 이들 역시 칸 교수팀과 마찬가지로, 대부분 현재 지구에 사는 사람들의 유전자를 이용해 연구했습니다. 이 방법은, 비유하자면 오늘날의 유전자를 타고 과거로 시간 여행을 하는 것과 같습니다. 이번에는 오늘날까지 인류학은 물론 생물학에서도 널리 쓰이는 이 방법에 대해 이야기해 보려고 합니다. 진화론과 생명 과학 지식이 조금 필요합니다만, 대신 현대 유전학에서 가장 중요하고 논란적인 분야를 알 수 있습니다. 약간만 인내심을 갖고 읽어 보세요.

돌연변이 '시계'가 개발되다

유전자에서 시간을 유추하는 방법은 하나의 단순한 가정에서 출발합니다. 이 가정을 알기 위해서는 먼저 유전자와 복제, 그리고 돌연변이에 대해 조금 알아야 합니다. 혹시 생명 과학에 대한 기본 지식이 있어서 DNA와 유전자, 변이(돌연변이)에 대해 알고 있는 독자라면 아래세 단락은 건너뛰어도 됩니다.

생명체에서 유전 정보를 전달하는 유전 물질인 DNA는 네 가지 정보 코드를 지니고 있습니다. 비유하자면 네 가지 문자를 새긴 작은 블록 네 개가 있어서, 이들을 자유자재로 길게 연결해 정보를 기록하고 전달하는 것과 같습니다. 한글 자모(ㄱ, ㄴ, ㄷ…… ㅏ, ㅑ, ㅓ, ㅕ……)를 새긴 글자로 목걸이를 만드는 식이라고 할까요.

DNA는 이렇게 네 가지 글자로 된 블록을 길게 이은 목걸이입니다. 그런데 이 가운데 '유전자'라고 부르는 부분은 일부로, DNA의 글자세 개를 묶어 2차로 의미가 있는 코드를 만듭니다. 예를 들어 'ㅏㄱㅇ'라고 연결된 부분은 의미가 없지요. 하지만 'ㄱㅏㅇ'으로 배열되면 '강'이라는 온전한 글자가 되는 것과 같습니다. 의미 없이 나열된 부분 말고 이렇게 의미 있는 2차 코드가 되는 부분이 유전자입니다. 유전자는 생명체에서 다양한 역할을 하는 단백질을 만들어 내는 중요한 기능을 합니다.

DNA는 무수한 복제를 거칩니다. 세포 하나하나가 만들어질 때마다, 줄기세포가 새로 만들어질 때마다 복제됩니다. 무수한 복제가 이뤄지다 보면 당연히 실수가 생기게 마련입니다. 생명체는 놀라운 능력으로 이런 실수를 교정하고 방지하고 있지만, 그래도 생깁니다. 유전 정보를 담은 블록 하나를 빼먹을 수도 있고, 더 집어넣을 수도 있습니다. 때로는 블록을 잘못 끼워 넣을 수도 있습니다. 이런 일이 생기면, 이들이 연결돼 만들어지는 2차 코드 역시 엉뚱해집니다. 'ㄱㅏㅇ'이 모여서 '강'이 돼야 하는데, ㅏ 대신 ㅎ이 들어가 버리면 'ㄱㅎㅇ'이라는 잘못된 부호가 됩니다.

이렇게 잘못된 유전 정보를 갖는 것을 변이 또는 돌연변이(mutation)라고 합니다. 돌연변이가 있는 생명체는 어떻게 될까요? 유명한 마블사의 영화 중 하나인 「엑스맨(X-Men)」은 이런 돌연변이 때문에 특이한 능력을 지닌 슈퍼히어로로 탄생했다는 설정에서 시작하지요. 하지만 이에 대해 일본의 유전학자인 기무라 모토(木村資生) 박사는 다른 해답을 제시했습니다. "돌연변이는 우리 삶에 영향을 끼치지 않는다."는 것입니다. 기무라 박사에 따르면, 유전자 부분에서 일어나는 돌연변이는 우리가 관찰할 수 없으며, 관찰할 수 있는 돌연변이는 오로지 유전자가 아닌 부분에서만 일어납니다. 이것이 바로 현대 유전학에서 가장 중요한 이론으로 평가 받는 '중립 이론(neutral theory)' 또는 '중립 진화 이론(neutral evolution theory)'의 핵심 가정입니다.

중립 이론에 대해 조금 더 알아보겠습니다. 생물의 유전자 부분(단백질을 만드는 부분)에서 돌연변이가 일어났다고 해 봅시다. 만약 그 돌연변이가 생물이 살아가는 데 해롭다면 생명체는 후손을 남기지 못할 것입니다. 그러므로 해로운 돌연변이는 얼마 지나지 않아 사라집니다.

반대로 삶에 유익한 돌연변이라면 그 생물체가 많은 후손을 남기겠지요. 유익한 돌연변이는 얼마 지나지 않아 같은 종의 모든 개체에게 퍼져 대세가 될 것이고, 그렇다면 더 이상 돌연변이가 아니게 될 것입니다(모두 똑같은 돌연변이를 가지고 있으므로 우리는 그것이 돌연변이라고 알아볼 수 없습니다.). 결론적으로, 유전자 부분에 일어난 돌연변이는 사라져 버리거나 알아볼 수 없게 돼, 오늘날 우리가 구분할 방법이 없습니다.

그렇다면 알아볼 수 있는 돌연변이는 없는 걸까요? 단백질을 만들지 않는 부분을 '비암호화(noncoding) DNA'라고 합니다(이에 반해 단백질을 만드는 부분, 즉 유전자는 '암호화(coding) DNA'라고 합니다.). 기무라 박사에 따르면, 비암호화 DNA에서 생겨난 돌연변이는 알아볼 수 있습니다. 비암호화 DNA는 단백질을 만들어 내지 않기 때문에 실질적인 기능이 없고, 삶에 도움도 해도 되지 않습니다. 따라서 후손을 많이 남기거나 적게 남기는 '선택'과 무관합니다. 사라지지도 않고 전체 개체에 퍼지지도 않은 채 남게 되죠. 이 돌연변이의 수에 영향을 미치는 유일한 변수는 시간입니다. 시간이 지나면서 돌연변이는 우연히 그 빈도수가 늘어나거나 줄어듭니다. 이 말을 반대로 하면, 만약 돌연변이의 빈도 패턴을 알 수 있다면 그 생물 집단이 겪은 시간의 역사를 추적할 수 있다는 뜻입니다. 이런 논리를 바탕으로 한 중립 이론은 20세기 유전학에 큰 영향을 끼쳤습니다. 1960년대 이후의 집단 유전학은 중립 이론의 토대 위에서 세워졌다고 해도 과언이 아닐 정도입니다.

사실 이 가설은 상당히 역설적인 면이 있습니다. 다윈은 자연 선택을 진화의 핵심 메커니즘으로 제시했습니다. 현대 생물학에서는 진화를 세대를 거쳐 유전자 빈도가 변하는 것으로 정의합니다. 그런데 막상 DNA에서 일어나는 변화의 빈도는 자연 선택과 상관이 없이 시간에 의해 무작위적으로 변한다고 하니, 모순도 이런 모순이 없었지요.

한편 유전학자들은 이상한 점을 하나 더 발견했습니다. 사람의 유전자가 생각보다 다양하지 않다는 사실입니다. 유전자의 다양성은 돌연변이의 수가 많은 것과 관련이 있습니다. 그런데 조사해 보니 생각보다 돌연변이의 수가 많지 않았던 것이지요. 집단 유전학 역사에서 한 획을 그은 것으로 평가 받는 웬슝 리(Wen-Hsiung Li), 로리 새들러(Lori Sadler) 박사팀의 1991년 논문의 제목조차 「인간의 낮은 핵 염기 다양성(Low nucleotide diversity in man)」일 정도였습니다. 앞서 이야기한 1987년의 칸 박사팀의 연구 역시 인간의 미토콘드리아 DNA가 생각보다 다양하지 않다는 점을 발견했고요.

하지만 당시 유전학자들은 이것도 중립 이론으로 해석했습니다. "인간 유전자의 다양성이 적은 이유는 인간이라는 종 자체가 태어난 지 오래되지 않았기 때문이다."라고 본 것이지요. 다양한 돌연변이가 축적될 만큼 시간이 흐르지 않았다는 거예요. 이렇게 인간이 태어난 지 얼마 되지 않았다면, 오랫동안 각지에서 살아왔던 여러 화석 속 인류(대부분 현생 인류보다 오래전에 살았던 것으로 밝혀진)는 현생 인류에 포함되지 않고 곁가지 '친척'이 됩니다. 직접적으로 피를 물려받은 조상이 아니지요. 서두에서 설명한 네안데르탈인이 바로 이 논의에 의해 배제된 대표적인(그리고 사실상 유일한) 예입니다. 당시까지 아프리카나 아시아에서 발굴된 화석 인류 중에는 현생 인류와 비슷한 때에 살았던 종이 거의 없었기 때문에 큰 관심이 없었거든요.

그리고 유전자 연구 과정에서 흥미로운 사실이 하나 더 나왔습니다. 아프리카, 유럽, 아시아인들의 유전자를 비교한 결과 아프리카인의 유전자가 가장 다양성이 높다는 결과가 나왔습니다. 유전자의 다양성이 높을수록 나타난 지 오래됐다는 뜻이니, 결국 인류는 아프리카에서 태어났다는 결론이 가능해집니다. 이런 결론을 통해, '인류는 그다지 오래되지 않은 시점(약 15만 년 전)에 아프리카에서 태어났다.'는 주장이 거의 기정사실로 받아들여졌습니다. '완전 대체론(아프리카 기원론)'이라는 이 가설은 물리학의 뒤를 이어 막강한 학문으로 부상한 현대 생명 과학의 위세에 힘입어, 1990년대에 급격히 주류 가설로 자리를 잡았습니다.

'돌연변이 시계'가 흔들리다

유전학을 이용한 초기 인류 진화 연구는 모두 미토콘드리아 DNA를 이용했습니다. 당시 기술로는 30억 쌍의 염기 서열로 이루어진 거대한 핵 DNA를 다루기 힘들었기 때문이지요. 미토콘드리아 DNA는 염기의 개수가 1만 5000개 미만으로 작은데다, 자료도 풍부하고 쉽게 분석할 수 있어 상대적으로 연구하기가 쉬웠습니다. 특히 무엇보다, 핵의 바깥에 있기 때문에 돌연변이가 일어나도 개체에 아무 영향이 없다고 생각했습니다. '중립적'이었다는 뜻입니다.

그런데 1990년 말부터 중립 이론이 조금씩 흔들리기 시작했습니다. 그 시작은 당시 널리 연구되던 미토콘드리아에서 나타났습니다. 미토콘드리아 DNA는 모계를 따라 유전됩니다. 이 말은 만약 아들만 낳고 딸을 낳지 않으면 그 미토콘드리아 계통은 사라진다는 뜻입니다. 그 계통이 지니던 고유한 돌연변이도 함께 사라지겠죠. 그렇다면, 과거에 실제 존재했던 미토콘드리아 DNA의 돌연변이 수는, 현재 우리가 관찰할 수 있는 수보다 훨씬 더 많았을 가능성이 있습니다.

돌연변이 수를 바탕으로 추정한 그 생물 집단의 탄생 시점 역시 사실은 더 오래됐을 가능성이 있겠죠. 예를 들어, 돌연변이가 100년에 하나꼴로 생긴다고 해 봅시다. 돌연변이가 5개 관찰되면 500년의 시간이 흘렀다고 추정할 수 있습니다. 이게 지금까지 해 온 연대 추정 방식입니다. 그런데 만약 돌연변이가 하나 나오는 데 걸리는 평균 시간이 100년이 아니라 50년이라면 어떨까요? 실제로 흐른 시간은 250년으로 반으로 줄겠죠. 반대로 200년에 하나꼴로 돌연변이가 나왔던 것이라면, 시간은 1000년으로 늘어날 것입니다. 만약 돌연변이가 일어나는 빈도가 불규칙하다면 어떨까요? 아예 시간을 측정할 수조차 없게 되지 않을까요? 그런데 그런 일이 일어난 것입니다! 미토콘드리아 돌연변이의 속도 자체가 흔들리면서, 불확실성이 늘어났습니다. 그동안 돌연변이 수는 인류 진화의 역사를 밝힐 '시계'였는데, 알고 보니 눈금이 아주 부정확한 시계였던 셈입니다. 그 시계로 추정한 시간이 올바른 시간이라고 할 수 있을까요?

중립 이론이 부딪힌 또 다른 비판은 현대 생명 과학의 발달과 함께

왔습니다. 중립 이론은 비암호화 DNA 부분의 돌연변이는 개체에 어떠한 영향도 주지 않는다는 가설에 의존하고 있습니다. 그런데 돌연변이가 개체의 삶과 번식(재생산)에 영향을 끼친다는 연구 결과가 속속 나오기 시작했습니다.

이전에는 전체 게놈 중에서 유전자가 차지하는 부위가 크지 않고, 나머지 대부분(비암호화 DNA)은 의미가 없다고 봤습니다. 그래서 필요 없는 DNA 뭉치라는 뜻에서 '쓰레기(junk) DNA'라고 부르기도 했지요. 그러나 이제는 쓰레기 DNA가 다른 유전자들을 조정하거나 신호를 주는 역할을 한다는 사실이 밝혀지고 있습니다. 돌연변이는 유전자에서 일어나지 않더라도 삶에 유익한 영향을 미치거나 해로운 영향을 끼칠 수 있습니다. 그렇다면 이 역시 '선택'의 손길에서 벗어날 수 없고, 역시 중립이 아니므로 중립 이론에 근거한 '돌연변이 시계(mutation clock)'의 눈금은 부정확해질 수밖에 없습니다.

이뿐만이 아닙니다. 핵 밖에 존재하는 DNA로서 개체의 삶에 영향을 주지 않는다고 생각했던 미토콘드리아 DNA도, 사실은 삶에 영향을 미친다는 사실이 2000년대 이후 밝혀졌습니다. 핵 밖에서 신진대사를 조절한다는 것이지요. 당시 이런 연구 결과가 하나씩 나올 때마다 학계에서 '설마'라며 술렁대던 그 긴장감을 잊을 수 없습니다. 지금 뒤돌아보면, '세포의 에너지 공장'인 미토콘드리아가 중립적이라고 생각했다는 점이 우스꽝스럽지만, 당시에는 중립 이론이 그만큼 막강했습니다.

인류의 기원 수수께끼는 제2라운드로

이제 인류의 기원을 찾으려는 연구는 새로운 국면에 접어들었습니다. 미토콘드리아 DNA를 분석해 기원을 거슬러 간 기존의 수많은 연구들을 재검토해야 할 상황에 이르렀습니다. 더구나 유전학 기술의 발달로 이제는 살아 있는 사람들의 DNA에서 시간을 유추하는 게 아니라, 아예 화석에서 직접 DNA를 추출해 분석하고 있습니다. 독일 막스플랑크 연구소에서 1999년 처음 진행한 연구 결과로는, 당시의 중립 이론을 반영한 완전 대체론과 잘 일치했습니다. 네안데르탈인의 미토콘드리아 DNA를 추출해 분석한 결과 현생 인류와 큰 차이가 났거든요. 2006년 이뤄진 핵 DNA 비교에서도 차이는 여전했습니다. 하지만 두 연구는 전체 DNA 중 일부만 이용했을 뿐입니다. 2010년부터 이뤄지기 시작한 네안데르탈 게놈의 해독, 분석 결과는 이런 기존 연구를 뒤집었습니다. 네안데르탈인은 현생 인류와 피를 섞었고, 유럽인의 경우 유전자의 4퍼센트를 네안데르탈인으로부터 물려받았습니다. 이제 중립 이론과 완전 대체론(아프리카 기원론)이 말하던 것처럼, 현생 인류가 최근에 아프리카에서 기원했고 다른 모든 인류 화석 종과 아무런 유전자 교환을 하지 않았다는 주장은 더 이상 설득력이 없습니다.

2013년에는 70만 년 전의 말 화석에서 DNA를 추출하는 데 성공했다는 발표가 있었습니다. 그렇다면 70만 년 전의 인류 화석에서 DNA를 추출하는 일도 시간문제가 아닐까요? 우리는 유전자로 시간 여행을 할 뿐 아니라, 그때 살았던 인류의 유전자를 직접 찾아 그 특징을 연구하는 정말 놀라운 시대에 살고 있습니다.

쓰레기는 없다

'우리는 두뇌의 10퍼센트만 사용할 뿐 대부분은 쓰지 않은 채 평생을 보낸다.' 라는 명제와 비슷한 내용으로 '쓰레기 DNA' 가설이 있습니다. DNA의 대부분 은 아무런 기능을 하지 않는, 쓰레기라는 이야기입니다. 이 세상 모든 생물체가 가지고 있는 유전자의 크기에는 한계가 있습니다. 게놈이 아무리 커 봤자 유전 자 수는 3만을 웃돌 수 없습니다. 극소수의 유전자를 제외한 유전체의 나머지 대부분은 쓸데없다는 뜻입니다. 인간의 유전체는 30억 쌍의 염기 서열로 이루 어져 있습니다. 2001년 인간 게놈의 염기 서열이 모두 판독되면서 사람들에게 충격을 준 것은 바로 이렇게 상상을 초월할 만큼 커다란 유전체 중에 정작 유전 자의 기능인 단백질 합성을 하는 유전자는 2만 개 정도밖에 되지 않는다는 사 실이었습니다. 30억 쌍의 염기 서열로 이루어진 유전체에서 쓸모가 있는 부분 은 1퍼센트 안팎이고 나머지 99퍼센트는 쓰레기라는 이야기입니다. 쓰레기 DNA의 개념은 유전학자들 사이에서뿐만 아니라 일반 사회에서도 흔히 쓰이 는 표현이 되었습니다.

그러나 과연 게놈의 99퍼센트는 아무짝에도 쓸모없는데 그냥 있는 것일까 요? 살아가면서 수없이 이루어지는 세포 분열을 한 번 할 때마다, 그리고 후손 을 만드는 데 필요한 생식세포를 만들 때 엄청난 수로 이루어지는 감수분열을 한 번 할 때마다, 아무 쓸모없는 정보 30억 개를 꼼꼼히 복사하는 것일까요? 마 찬가지로, 아무 생각 안 하고 가만히 있어도 기초 대사량의 40퍼센트를 웃도는

양의 에너지를 써야만 하는 두뇌를 99퍼센트는 켜 놓기만 하고 쓰지 않는, 엄청

난 에너지 낭비를 우리 인간은 하고 있는 걸까요?

계속 축적되는 연구 덕분에 '쓰레기 DNA' 속에 중요한 정보들이 많이 들어

있음이 밝혀지고 있습니다. '쓰레기 DNA'는 분명 단백질을 만들지 않습니다.

그러나 단백질을 만드는 유전자에게 언제 만들라는 신호와 그만 만들라는 신

호를 보내고, 만들어야 하는 상황인지 아닌지의 정보를 수집하는 역할 모두가

'쓰레기 DNA'가 하는 일입니다. 중년과 노년 인간의 사망 원인 중에서 수위를

다투는 암은 바로 이러한 신호 체계가 잘못되어서 세포 분열을 하지 말아야 할

때에도 계속 세포 분열을 하는 경우가 많습니다.

DNA도, 두뇌도, 우리가 쓰임새를 모르기 때문에 쓰이지 않는다고 치부했

습니다. 인간의 지식 세계는 광활합니다. 그러나 아직까지 우리가 모르는 일들

역시 광활합니다. 우리가 모른다고 해서, 알 가치조차 없는 쓰레기는 아닙니다.

19장
아시아인 뿌리 밝힐 제3의 인류 데니소바인

네안데르탈인은 고인류학 전체에서 가장 연구가 많이 이뤄진 인류입니다. 가장 많은 자료가 남아 있는데다 현생 인류와 가장 가까운 시기에 살았기 때문이겠죠. 네안데르탈인이 살던 유럽 출신의 고인류학자가 많다는 점도 한몫했겠지요. 그에 반해 네안데르탈인과 비슷한 시기에 또 다른 인류가 아시아에도 살았다는 사실은 최근에야 알려지기 시작했습니다. 바로 '데니소바인(Denisovan)'입니다. 데니소바인은 현생 인류나 네안데르탈인과 아주 가까운 것으로 밝혀진 제3의 인류로, 요즘 고인류학계에서 가장 뜨거운 논란을 불러일으키고 있습니다. 도대체 어떤 논란일까요? 특히 우리 아시아인의 근원과도 관련이 있기 때문에 관심을 기울일 필요가 있습니다.

데니소바인은 러시아의 동쪽(몽골과의 경계) 알타이 산맥 근처의 데니소바(Denisova) 동굴에서 화석이 발견된 친척 인류입니다. 당시 고인류학자들은 유럽에서 유명한 네안데르탈인이 아시아 등 세계 다른 곳에서도 살지 않았을까 궁금해 했습니다. 제가 한국에서 학교를 다녔던 1970~1980년대만 해도, 학생들은 구대륙(유라시아와 아프리카)의 모든 지역에서 오스트랄로피테쿠스, 호모 에렉투스, 네안데르탈인, 호모 사피엔스가 단계별로 차례로 나타났다고 배웠습니다. 지금은 오스트랄로피테쿠스는 아프리카에서만 발견된다는 사실이 잘 알려져 있지만 그때만 해도 그런 인식이 부족했습니다. 그래서 아시아에서도 오스트랄로피테쿠스를 찾을 수 있으리라는 생각에 부단히 발굴을 했지요. 특히 중국이 자존심을 걸고 달려들었습니다. 지금도 중국에서 발간하는 학회지에는 중국에서 오스트랄로피테쿠스 화석을 발견했다는 논문이 가끔 발표되곤 합니다(사실로 확인된 적은 없습니다.).

오스트랄로피테쿠스가 이럴 정도니, 가장 인기가 좋은 고인류인 네안데르탈인을 동북아시아에서 발견하려는 노력은 말할 것도 없이 활발했습니다. 프랑스는 지속적으로 동북아시아에 연구팀을 보내 발굴을 했고, 중국 역시 눈에 불을 켜고 화석을 찾았습니다. 지금도 중국이나 북한, 러시아에서 나온 논문을 보면 자국에서 발견된 화석에 네안데르탈인을 의미하는 '호모 네안데르탈렌시스(*Homo neanderthalensis*)', 혹은 호모 사피엔스의 아종이라는 뜻의 '호모 사피엔스 네안데르탈렌시스(*Homo sapiens neanderthalensis*)'라는 말을 붙이곤 합니다. 화석에서 높은 눈두덩이나 큰 뒷머리뼈 등 네안데르탈인의 모습을 찾아 어떻게든 이름을 붙이고 있는 것이지요.

동굴 속 도구의 이상한 변화

하지만 이런 노력과 달리, 아시아에서는 진정 네안데르탈인이라고 부를 만한 화석은 발견되지 않았습니다. 특히 유럽에 마지막 네안데르탈인이 살던 시기인 약 10만 년 전부터 3만 년 전 사이는 동북아시아에서 인류 화석이 거의 발견되지 않아 '인류 화석의 암흑기'라고 불릴 정도입니다. 화석뿐만이 아닙니다. 네안데르탈인이 남긴 석기(무스테리안(Moustérien) 석기)조차 발견된 적이 없습니다.

얼마 전까지 네안데르탈인이 남긴 흔적 중 아시아의 가장 동북쪽에 위치했던 것은 러시아의 서부인 코카서스(Caucasus) 지역이었습니다. 이곳의 메즈마이스카야(Mezmaiskaya) 동굴에서는 네안데르탈인 어린이의 화석과 유적이 발견됐는데, 연도 추정 결과 지금으로부터 약 4만 년 전이었습니다. 이보다 동쪽에는 동북아시아와 동남아시아를 통틀어 네안데르탈인의 흔적이 발견된 적이 없었기에, 고인류학자들은 네안데르탈인이 히말라야 산맥을 넘지 못한 것으로 추정했습니다.

그렇다면 약 10만 년 전부터 3만 년 전까지 아시아에는 인류가 살지 않았던 것일까요? 호모 에렉투스가 사라지고 그 빈자리에 아프리카를 떠난 현생 인류가 들어선 걸까요? 많은 학자들은 그렇게 생각했습니다. 하지만 21세기 들어 놀라운 반전이 일어났습니다. 네안데르탈인이 발견된 것은 아니었습니다. 네안데르탈인도, 현생 인류도 아닌 제3의 인류가 발견된 것입니다.

사실 제3의 인류에 대한 이야기는 몇 년 전부터 일부 고고학자들

사이에서 돌았습니다. 다만 극히 최근에 와서야 널리 화제가 되었을 뿐이지요. 데니소바 동굴이 있는 러시아의 알타이(Altai) 지역에서는 최소한 약 10만 년 전부터 사람이 살기 시작했던 흔적이 남아 있습니다. 그 이전 시대의 인류의 흔적이 있었는지에 대해서는 의견이 분분합니다. 본격적인 빙하기가 시작되면서 견디기가 힘들었을지도 모르겠습니다. 최소한 지난 10만 년 동안 인류는 이 지역을 떠나지 않고 계속 살았습니다. 이들은 여러 가지 석기를 남겼는데, 특이하게도 석기의 모양새가 약 7만~8만 년 전부터 눈에 띄게 달라졌습니다. 카라 봄(Kara-Bom)과 우스트 카라콜(Ust-Karakol)에서 발견된 석기로, 일명 '현생 인류의 석기'라고 불리는 후기 구석기의 돌날석기(blade tools)입니다. 하지만 이 지역에 현생 인류가 나타난 것은 길게 잡아야 4만 년 전부터지요. 그렇다면 이 석기를 만든 주인공이 따로 있다는 뜻입니다.

5만 년 전에서 3만 년 전까지의 기간도 특이합니다. 당시 인류는 여름에는 사냥을 하고, 겨울에는 혹독한 추위를 피해 동굴에서 겨울을 났습니다. 데니소바 동굴도 그 중 하나입니다. 데니소바 동굴의 천장에는 자연적으로 생겨난 구멍이 있어서 굴뚝 역할을 할 수 있었습니다. 불을 피우며 겨울을 나기에 안성맞춤이었지요. 자연히 인류가 애용한 장소가 됐습니다. 그런데 이 시기 데니소바 동굴에는 이상하게도 두 가지 다른 문화의 흔적이 섞여 있습니다. 모두 현생 인류가 남겼음직한 흔적입니다. 창끝에 촉을 매단 사냥 도구, 짐승의 이빨로 만든 목걸이, 수백 킬로미터 떨어진 곳에서 나는 돌을 깎아 만든 팔찌 등입니다. 하지만 이곳에서는 인류의 화석이 전혀 나오지 않았고, 이들을 만든 주인공의 정체도 의문에 빠져 있었습니다.

그러던 중, 2008년에 이곳에서 콩알만큼 작은 뼈가 발견됐습니다. 모양은 새끼손가락의 뼈 같았지만, 처음에는 별다른 관심을 갖지 않았습니다. 그동안 인류의 화석이 나온 적이 없었기에, 이 뼈의 주인공도 인류가 아닐 가능성이 높다고 생각한 것입니다. 예를 들어 동굴에 살던 곰의 뼈일 가능성도 얼마든지 있었지요.

우리가 모르던 아시아의 친척 인류

하지만 2010년, 고(古)유전자 분석 기술을 이용해 이 뼈에서 DNA를 추출, 분석해 보았더니 뼈의 주인공은 성장판이 아직 닫히지 않은 6~7살 정도의 어린 여자아이로 드러났습니다. 그런데 이 DNA는 현생 인류의 DNA와 조금 차이가 났습니다. 그렇다고 네안데르탈인과 같지도 않았습니다. 현생 인류와 차이가 나는 만큼 네안데르탈인과도 차이가 났습니다. 이 인류와 비슷한 시기에 살았던 네안데르탈인의 화석은 메즈마이스카야 동굴과 크로아티아의 빈디야(Vindija) 동굴에서 발굴된 게 있는데, 모두 이 여자아이의 DNA와 달랐습니다. 유럽과는 구분되는 독자적인 노선을 걸었다는 뜻입니다. 미토콘드리아 게놈은 모두 세 개를 추출했는데(한 개체 안에서는 모두 똑같은 DNA를 지니는 핵 DNA와 달리, 미토콘드리아 DNA는 같은 개체 안에 있다고 해도 똑같지 않기 때문에 가능한 한 여러 개를 추출해 분석합니다.), 이 역시 유럽은 물론 인근 알타이 지역의 네안데르탈인과도 크게 달랐습니다. 이로써 현생 인류도, 네안데르탈인도 아닌 제3의 인류가 있었다는 사실이 분명해졌습니다. 고인류학자들은 이 화석의 주인공에게 데니소바인이라는 이름을 붙였습니다. 이 동굴에서는 나중에 어른 어금니(사랑니)의 화석도 발견됐는데, 역시 현생 인류와도 다르고, 네안데르탈인과도 다르게 생겼습니다. 그러나, 새끼손가락뼈 반 마디와 사랑니만 가지고는 종은 차치하고 한 개인의 생김새를 유추하기조차 불가능합니다. 데니소바인은 뼈가 아닌 유전자로만 존재하는 인류 조상입니다. 화석이 없어도 화석을 연구할 수 있는 시대가 열렸습니다. 우리는 고인류학 역사에서 혁명적인 전환점에 살고 있는지도 모릅니다.

유전학자와 고인류학자들은 세계의 다양한 현생 인류 안에도 데니소바인의 유전자가 있는지 확인했습니다. 결과는 기이했습니다. 현생 인류 안에 데니소바인의 유전자가 남아 있긴 했는데, 엉뚱하게도 멀리 남쪽에 위치한 파푸아 뉴기니와 솔로몬 제도 등 멜라네시아인들이 갖고 있었습니다. 이들의 DNA 중 약 4퍼센트가 데니소바인의 것이었습니다. 이들은 네안데르탈인의 DNA도 4퍼센트 가지고 있으니, 결국 현생 인류지만 그 안에 고인류의 DNA를 8퍼센트나 갖고 있는 셈입니다. 반면 정작 데니소바 동굴과 지리적으로 가장 가까운 동북아시아의 인류에게서는 데니소바인의 DNA를 전혀 발견할 수 없었습니다. 네안데르탈인의 유전자는 네안데르탈인이 주로 거주했던 유럽 사람들에게 가장 많이 발견되는데, 이와는 정반대의 결과입니다.

이 결과를 어떻게 설명할 수 있을까요? 가장 유력한 가설은 이렇습니다. 데니소바인은 후기 플라이스토세(약 12만 5000년 전부터 1만 2000년 전까지를 나타내는 기간)에 아시아 전체에 널리 퍼져 있었습니다. 그러다 아프리카에서 퍼져 나온 현생 인류 집단과 유전자 교환을 했고(피가 섞였다는 뜻입니다.), 특히 적응에 유리한 데니소바인의 유전자가 현생 인류 안에서 계속 살아남았다는 해석입니다. 현생 인류에서 발견되는 데니소바인의 유전자는 면역성과 관련한 역할을 합니다. 최근에는 티베트 지역 사람들이 고산 환경에 적응하도록 도와주는 유전자가 데니소바인에게서도 발견되어서 화제가 되었습니다.

그런데 아시아에서는 왜 데니소바인의 DNA가 발견되지 않을까요? 혹시 오늘날의 아시아인은 그 이후, 그러니까 인류가 멜라네시아에 이주한 뒤에야 다시 등장한 건 아닐까요? 아직은 정확한 결론을 내릴 수 없습니다. 데니소바인의 유전자가 단지 덜 발견됐을 뿐, 사실은 아시아에도 퍼져 있다는 연구도 있습니다. 결론을 내리기에는 자료가 불충분한 셈입니다. 우리의 기원에 대한 연구를 계속 기대해야 할 이유입니다.

세 종의 인류가 산 데니소바 동굴

데니소바 동굴에서 발견된 인류 화석은 지금까지 세 점입니다. 새끼 손가락뼈와 어금니, 그리고 발가락뼈입니다. 발가락뼈는 DNA 분석 결과 네안데르탈인의 뼈임이 밝혀졌습니다. 생김새 역시 현재 이라크

지역 네안데르탈인의 발가락뼈와 가장 비슷합니다. 데니소바 동굴에서 불과 100~150킬로미터 떨어진 동굴에서는 4만 5000년 전의 네안데르탈인의 화석과 도구가 발견되기도 했습니다. 데니소바 동굴은 데니소바인과 현생 인류뿐 아니라, 네안데르탈인의 거주지이기도 했던 것입니다.

결과를 종합하면 이렇습니다. 8만~7만 년 전, 데니소바 지역에는 데니소바인들이 살았습니다. 이어 4만 5000년 전에 이 지역에 네안데르탈인이 진출했습니다. 이들은 각자의 도구를 남기고, 적지만 인골 화석도 남겼습니다. 하지만 이들은 4만 년 전에 모두 떠났고(사라졌고), 그 자리를 현생 인류가 채웠습니다. 이렇게 알타이 지역은 짧은 시간 동안 세 종의 인류가 번갈아 가면서 차지했습니다.

이들 사이에 무슨 일이 있었을까요? 서로 만나 자손을 남겼을까요? 현생 인류의 DNA에 네안데르탈인과 데니소바인의 DNA가 포함돼 있는 것처럼, 데니소바인의 DNA에도 네안데르탈인의 DNA가 17퍼센트 포함돼 있습니다. 세 종은 우리가 알지 못하는 복잡한 관련을 맺은 것으로 추정됩니다.

우리 현생 인류의 기원은 결코 단순하지 않습니다. 연구는 점점 깊이를 더해 가고 있으며, 우리의 뿌리도 그만큼 복잡하고 심오해지고 있습니다.

탄자니아의 라에톨리 유적에서 발견된 오스트랄로피테쿠스 아파렌시스 발자국 화석

20장
난쟁이 인류, '호빗'을 찾아서

몸집이 300킬로그램이 넘는 가장 거대했던 영장류 '기간토피테쿠스'는, 요즘 식으로 말하면 거인이었다고 할 수 있습니다. 이번에는 반대로, 체구가 아주 작은 난쟁이 이야기를 하려고 합니다. '호빗(Hobbit)'이라는 별명으로 불리는 친척 인류 '호모 플로레시엔시스(Homo flore-siensis)'(플로레스인)입니다.

인도네시아의 플로레스 섬에는 재미있는 전설이 전해 내려오고 있습니다. '에부 고고(Ebu Gogo)'라는 인물이 살았는데, 키가 1미터 정도로 작았고 온몸이 털로 덮여 있었다는 내용입니다. 「반지의 제왕(Lord of the Rings)」이나 「호빗(Hobbit)」 같은 영화에서 반인족 호빗은 발이 크고 털로 뒤덮여 있습니다. 뭔가 연관이 있을 것 같지 않나요?

흥미롭게도, 오스트레일리아의 고인류학자 마이클 모우드(Michael Morewood) 박사는 2003년, 바로 이 지역에서 정말로 호빗 같은 난쟁이

243

인류의 화석을 발견했습니다. 몸이 아주 작고, 특히 머리가 믿을 수 없을 정도로 작은 화석이었습니다. 갓난아기보다 작은 크기의 머리를 가지고 있었으니까요. 모우드 박사는 지금까지 보지 못한 새로운 인류라고 결론짓고, 이 화석에 '플로레스 섬의 인류'라는 뜻인 '호모 플로레시엔시스'라는 이름을 붙여 줬습니다. 언론은 즉시 호빗이라는 별명을 붙였고요.

미스터리 호빗 화석

플로레스 섬에서 인류의 흔적이 나온 것은 처음이 아닙니다. 고고학 흔적은 약 70만 년 전부터 나타납니다. 인류학자들은 약 100만 년 전부터는 인류가 살았던 것으로 추정하고 있습니다. 인도네시아의 다른 섬인 자바 섬에서는 호모 에렉투스 화석(자바인)의 연대가 최고 180만 년 전까지 올라가는 데 비하면 다소 늦은 편이지요.

하지만 단순히 숫자로만 판단할 수 없는 복잡한 문제가 있습니다. 동남아시아 지역의 지도를 한 번 보면, 수많은 섬으로 이뤄져 있다는 사실을 알 수 있습니다. 이 섬들은 주변의 바다가 얕은 지역과 깊은 지역으로 나뉘는데, 이런 두 지역은 한 줄의 선으로 경계를 이룹니다. 이 경계선을 '월리스선(Wallace Line)'이라고 합니다. 자바 섬은 월리스선보다 북쪽에 있습니다. 이쪽은 바다가 얕은 지역으로, 빙하기가 반복되던 시기에는 바다의 높이가 지금보다 낮았기 때문에 이 지역 대부분은 육지로서 아시아 대륙과 연결돼 있었습니다. 동물은 물론 인류도 걸어서 갈 수 있었지요. 하지만 플로레스 섬은 깊은 바다에 해당하는 월리스선 남쪽에 위치해 있습니다. 이 지역은 가장 혹독한 빙하기 기간, 가장 해수면이 낮아졌을 시기에도 여전히 바다였습니다. 모든 곳은 배를 타야만 다다를 수 있었죠. 플로레스 섬 역시 외딴 섬으로 내내 아시아 대륙과 떨어져 있었습니다. 사정이 이러니, 이곳에 약 100만 년 전부터 인류가 살았다는 것은 대단한 일이 아닐 수 없었죠. 인류학자들이 흥미를 갖는 것도 당연했습니다.

사실 이 인류가 어떻게 플로레스 섬에 들어왔는지는 모릅니다. 어쩌다가 도착했을 수도 있고, 작정하고 섬을 찾아왔을 수도 있죠. 하지만 어느 경우든, 일단 배를 타고 들어온 이상 다시 떠나기는 쉽지 않았을 것입니다.

플로레스 섬에서는 고고학 자료는 계속 발견됐지만, 인류 화석은 좀처럼 발견되지 않았습니다. 그러다 2000년대에 들어 드디어 기다리던 인류 화석이 발견됐는데, 그게 바로 모우드 박사의 플로레스인이었습니다. 그리고 이 화석의 주인공이 이 지역에서 적어도 약 6만 년 전부터 1만 8000년 전까지는 살았다는 사실을 알 수 있었습니다. 큰 성과였지요.

플로레스인이 살았던 때로 추정되는 이 시기는, 멀지 않은 오스트레일리아에 현생 인류가 살기 시작한 때와 비슷합니다. 오스트레일리아 역시 월리스선 남쪽에 위치한 대륙으로, 플로레스 섬처럼 바다 한가운데에 고립돼 있었습니다. 현생 인류는 바다를 건너 오스트레일리아 대류에 안착을 했고, 그게 오스트레일리아 원주민입니다. 그렇다면 야릇한 문제가 생깁니다. 플로레스 섬의 이 새로운 인류는 과연 현생 인류가 아닌 새로운 인류 종일까요? 혹시 오스트레일리아 원주민처럼 일찌감치 바다를 건너간 현생 인류는 아닐까요? 단 한 점의 화석밖에 발견된 적이 없는 희귀한 경우라는 점도 논쟁을 키웠습니다. 결국 학자들은 플로레스인을 놓고 두 가지 의견으로 나뉘기에 이르렀습니다. 플로레스인이 특이하게 생겼지만 그래도 현생 인류라는 주장과, 현생 인류가 아니라 아주 작은 체구와 머리를 가진 새로운 인류라는 주장입니다.

논쟁은 먼저 두개골을 대상으로 이뤄졌습니다. 크기 비교를 했는데 현생 인류라고 보기는 힘들다는 결과가 나왔습니다. 플로레스인은 두뇌 용량이 400시시(cc)가 채 넘지 않아 갓난아기나 어른 침팬지보다 뇌가 작았습니다. 그런데 현생 인류 중 난쟁이는 결코 머리가 작지 않습니다. 아무리 키가 1미터를 넘지 않더라도, 이들의 두뇌 용량은 보통 사람과 별로 다르지 않습니다. 이를 바탕으로 생각하면, 플로레스인 화석의 주인공은 단순한 현생 인류의 난쟁이는 아닙니다.

혹시 머리가 작아지는 '소두증(microcephaly)'은 아닌지도 의심해 봤습니다. 이를 확인하기 위해 소두증에 걸렸을 때 나타나는 몸의 특징을 플로레스인에게서 찾았지요. 대표적인 게 두뇌의 생김새가 달라지는 증세와, 몸의 발육 부진입니다. 그런데 그 결과는 제각각이었습니다. 먼저 플로레스인이 새로운 인류라는 사람들은 플로레스인과 소두증 환자의 뇌는 다르다고 주장했습니다. 2005년, 미국 플로리다 주립 대학교 인류학과 딘 포크(Dean Falk) 교수팀의 연구가 대표적입니다. 이들은 정교한 영상 기법을 이용해 플로레스인의 두개골 안을 촬영했고 그 결과, 플로레스인의 두뇌는 소두증 환자의 두뇌만큼 작지만 생김새는 전혀 다르다고 주장했습니다.

하지만 단박에 결론을 내기에는 이 연구 또한 역부족이었습니다. 미국 컬럼비아 대학교 인류학과의 랠프 할러웨이(Ralph Holloway) 교수가 "플로레스인이 죽은 뒤 머리뼈가 땅 속에서 찌그러져서 그렇게 되었을 뿐"이라고 맞서며 이야기는 다시 원점으로 돌아갔거든요. 이 두 학자는 오스트랄로피테쿠스 아프리카누스인 '타웅 아이'의 화석을 놓고 1980년대에 격렬하게 논쟁을 벌였던 숙적으로, 30년이 지난 2010년대에는 플로레스인 화석을 두고 정면으로 맞붙었습니다.

새로운 증거, 작은 손목뼈

머리가 결론이 안 나자, 다른 인류학자들은 나머지 특징에 주목했습니다. 도구 제작 여부도 그 중 하나입니다. 침팬지나 갓난아기보다 작은 두뇌로 과연 석기를 만들 수 있었을까 의심한 것입니다. 플로레스에서 나온 석기는 200만 년 전 아프리카의 올도완 석기와 비슷합니다. 혹자는 400시시의 두뇌 용량으로는 절대 그런 석기를 만들 수 없다고 주장했습니다.

몸집에 주목한 학자도 있었습니다. 플로레스인의 다리뼈는 오스트랄로피테쿠스 아파렌시스인 유명한 '루시'의 다리뼈와 비슷한 길이입니다. 하지만 달리 볼 수도 있습니다. 팔뼈를 보면 현생 인류 중 가장 몸집이 작은 아프리카의 피그미 족이나 안다만 섬 사람들 중 작은 사람과 비슷합니다. 이를 바탕으로 인류학자들은 플로레스인이 현생 인류의 '미니 버전'이며 성장이 불충분하게 이뤄지는 병에 걸렸을 뿐이라고 주장했습니다. 이를 증명하기 위해 고병리학자들은 팔다리뼈의 바깥쪽이 얇다는 점과, 좌우가 비대칭인 점을 찾아냈습니다. 종아리뼈가 휘었다는 점도 제시됐습니다. 모두 성장 부진의 단서가 될 수 있는 특징입니다. 하지만 확증은 아니라는 단점이 있습니다. 휜 다리는 정상 범위 안에서의 변형으로, 휜 정도가 그리 심하지 않았고 팔다리뼈의 비대칭성은 죽은 이후에 겪은 변형일 가능성이 큽니다.

논쟁의 종결은 아주 작은 데에서 찾아왔습니다. 손목뼈 중 하나인 작은마름뼈(소능형골, trapezoid)입니다. 이 뼈는 인간에게서만 볼 수 있는 특징을 갖고 있는데, 태아가 수정된 지 얼마 안 돼 모습을 갖추기 때문에 임신 3개월 이후의 발달 장애에는 영향을 받지 않습니다. 따라서 이 뼈의 형태를 보면 발달 장애 여부와 상관없이 화석의 주인공이 인간인지 여부를 알 수 있습니다.

연구 결과, 플로레스인의 손목뼈는 도구를 만들기 시작한 플라이오세의 초기 인류와 비슷하다는 사실이 밝혀졌습니다. 군이 분류하자면, 인간보다는 유인원의 손목뼈에 더 가까운 것입니다. 이런 뼈가 두 개나 발견됐습니다. 이제 플로레스인이 현생 인류와는 다른 인류라는 사실이 점점 확실해져 가고 있습니다.

그럼 플로레스인은 왜 몸집이 작아졌을까요? 제기된 가설 중 하나는 섬왜소증(island dwarfism)입니다. 섬에 고립된 동물은 본토에서와는 다른 진화 경로를 거칩니다. 코끼리는 작아지고 쥐는 커집니다. 코모도왕도마뱀도 커졌습니다. 그렇지만 이 부분은 연구가 많이 필요한 주제입니다. 섬에서 고립돼 몸이 작아졌는지, 작아진 몸을 가지고 섬으로 왔는지부터 꼼꼼히 살펴봐야 합니다.

오스트랄로피테쿠스의 후손일까?

플로레스인의 팔다리뼈의 길이, 골반뼈의 생김새는 오스트랄로피테쿠스 아파렌시스나 오스트랄로피테쿠스 아프리카누스와 비슷합니다. 몸 크기나 머리 크기도 오스트랄로피테쿠스의 범주에 속합니다. 이 사실은 인류학자들을 골치 아프게 했습니다. 만약 플로레스인과 비슷한 화석이 루시가 발견된 동아프리카의 300만 년 전 지층에서 발견됐다면 아무 문제가 없을 겁니다. 하지만 발견 장소는 예상치 못한 아시아였고, 시대 역시 평균 1300시시의 두뇌 용량을 가지고 있는 현생인류가 살던 때였습니다.

그런데, 이와 비슷하게 인류학자를 괴롭혀 온 화석이 또 있습니다. 조지아의 드마니시에서 나온 화석입니다. 이 화석 역시 호모 에렉투스와 비슷한 시기의 아시아 지층에서 발견됐지만, 머리나 골격 크기는 훨씬 전에 살았던 오스트랄로피테쿠스와 비슷합니다.

혹시 플로레스 섬과 드마니시의 두 화석이 정말 오스트랄로피테쿠스에 속한다면 어떨까요? 그야말로 인류 역사를 뒤바꾸는 엄청난 일입니다. 왜냐하면, 지금까지의 인류 진화 정설과 배치되거든요. 현재의 정설은 이렇습니다. 몸과 머리가 작은 오스트랄로피테쿠스 중 일부가 진화를 거치며 몸과 머리가 커졌습니다. 또 고기도 먹었습니다. 그러면서 호모속이 됐고, 아프리카 바깥세상으로 진출했습니다. 호모 에렉투스가 그랬고, 우리 현생 인류도 그랬습니다. 이 가설에는, 오스트랄로피테쿠스는 반대로 '능력'이 부족해 아프리카 밖으로는 나가지 못했다는 전제가 깔려 있습니다. 몸도 작고 두뇌도 작았다고요. 그런데 만약 드마니시의 인류나 플로레스인이 아프리카를 탈출한 오스트랄로피테쿠스의 후손이었다면, 이 가설은 무너집니다. 호모속 이전에 아프리카 밖으로 진출한 인류 조상이 있으며 그들의 두뇌와 몸집은 작았다는 뜻이니까요. 특히 그때의 오스트랄로피테쿠스의 후손이 나중에 아시아에서 호모속으로 진화했다는 결론으로 이어질 수 있어, '인류의 아시아 기원론'도 힘을 얻게 됩니다. 또 하나의 큰 파장이 일어날 수 있는 내용이죠.

자, 이제 내용을 종합해 보겠습니다. 소설 같은 이야기가 될 수도 있겠습니다만, 어쩌면 가능할 수도 있는 내용입니다. 300만 년 전, 오스트랄로피테쿠스 중 일부가 아프리카를 빠져나와 초원 지역을 따라 유라시아로 퍼졌습니다. 그 중 한 집단은 흘러 흘러 인도네시아의 플로레스 섬으로 들어왔습니다. 이 오스트랄로피테쿠스는 섬 안에 갇힌 채 최근까지 살아남았고, 이게 발견된 난쟁이 화석의 정체라는 것입니다.

이 이야기가 소설을 넘어 검증이 되려면 증거가 더 필요합니다. 적어도 비슷한 두개골이 한 점은 더 나와야 합니다. 플로레스인의 두개골이 단 하나밖에 없는 지금 시점에서는 내릴 수 있는 결론이 하나도 없습니다. 플로레스인의 발견자 모우드 교수는 타계했지만, 그때에 버금가는 발견이 필요한 때입니다.

딘 포크와 랠프 할러웨이의 끈질긴 인연

앞에서 등장한 미국 플로리다 주립 대학교의 딘 포크 교수와 컬럼비아 대학교 랠프 할러웨이 교수는 수십 년 동안 라이벌로 맺어진 사이입니다. 두 학자는 모두 두개골 안을 본뜬 모형으로 두뇌 진화를 연구했습니다. 둘의 첫 번째 라이벌 대결은 1980년대에 시작되었습니다. 할러웨이 교수는 오스트랄로피테쿠스 아프리카누스인 '타웅 아이'의 후두엽에 위치한 초승달고랑(월상구, lunate sulcus)이 유인원보다 더 밑으로 밀려났는데, 이는 후두엽이 커졌기 때문이라고 주장했습니다. '타웅 아이'의 작은 두뇌는 인류의 직계 조상이라는 입장에 대한 반박 증거로 제시되어 왔는데, 두뇌의 크기는 작지만 구조가 현생 인류와 비슷하다는 주장은 당시 오스트랄로피테쿠스 아프리카누스를 인류의 직계 조상이라고 생각했던 가설과 잘 맞아떨어졌습니다.

하지만 딘 포크 교수가 초승달고랑의 위치는 밀려나지 않았으며, 더구나 그 위치는 후두엽 크기와 상관이 없다는 반박을 내놓으며 맞불을 놨습니다. 이 주제는 이후 20년에 걸쳐 끊임없이 두 사람을 격렬한 논쟁으로 이끌었습니다. 둘이 얼마나 으르렁댔는지, 제가 대학원에 다니던 1990년대에는 학회에서 두 사

람이 서로 지나가면서 "안녕?"이라고 인사했다는 사실에 사람들이 놀라서 수

군댈 정도였습니다. 몇 십 년 만에 처음 서로 말을 섞었다고 말이지요. 하지만 이

런 '해빙기'는 얼마 못 갔습니다. 불과 몇 년 뒤, 플로레스인 화석을 놓고 두 학자

는 다시 맞수가 되었으니까요.

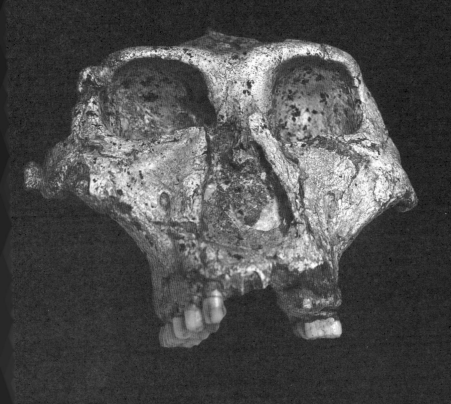

남아프리카에서 발굴된 오스트랄로피테쿠스 로부스투스 두개골 화석

21장
70억 인류는 정말
한 가족일까?

오늘은 인류학에서 가장 예민하고 논쟁이 많은 주제를 다루려고 합니다. 바로 인종입니다. "세계의 인류는 모두 하나의 종이며 인종은 그저 편견에서 비롯됐다고 다 밝혀졌는데, 철 지난 문제가 아닐까?"라고 생각할지도 모르지만, 그렇지 않습니다. 아직도 이 주제는 뜨거운 논란을 낳고 있으며, 연구 결과가 나올수록 논란은 커지고 있습니다. 어쩌면 70억 인류를 바라보는 근본 생각 자체가 바뀔지도 모릅니다.

인종이라는 개념이 언제, 어디에서부터 기원했는지는 분명하지 않습니다. 서로 다른 집단에 속한 사람들끼리 만나면서, 자기가 속한 집단은 '사람', 상대방은 (사람이 아닌) '오랑캐'로 분류하고 멸시하는 것은 세계 곳곳에서 공통적으로 나타나는 현상입니다. 문자 기록이 있는 문화는 물론이고, 문자 기록이 없는 민족지 문화에서도 나타납니다. 모두 자신이 속한 문화와 집단이 세계의 중심이라고 생각했기 때문에 벌어진 일이지요.

근대적인 인종 개념은 겨우 한두 세기 전에 나타났습니다. 유럽인들은 15~16세기에 지구 구석구석을 탐험하면서 '신대륙'을 '발견'하고 '개척'했습니다. 그 결과 다윈이 진화론을 발표한 1859년 무렵에는 아프리카, 동남아시아, 오스트레일리아, 아메리카 대륙에서 살고 있던 원주민들이 여러 면에서 대단히 다양하다는 사실을 알고 있었습니다. 그런데 이들은 원주민들을 차마 자신들과 같은 '사람'이라고 부를 수가 없었습니다. 그래서 유럽인들은 구분을 위해 백인종, 흑인종, 황인종이라는 세 가지 인종 개념을 만들었고, 원주민을 자신들과 다른 인종에 속한 인류로 구분하기 시작했습니다.

이후 19세기와 20세기에 걸쳐 인종이 생물학적으로 어떤 개념인지 논쟁이 일어났습니다. 가장 극단적인 것은 "인종은 곧 서로 다른 종이며, 지구에는 세 개의 다른 종이 있다."는 주장이었습니다. 이 말은 백인종 외에 다른 종은 사람이 아니라는 주장과 같았습니다. 따라서 다른 인종끼리는 아이를 낳지 말아야 한다거나, 다른 인종과의 사이에서 태어난 아이는 정상이 아니라는 소문이 퍼지기도 했습니다.

그렇지만 유럽인들이 점점 더 세계를 탐험하면서 알게 된 것은 인간의 다양성에 끝이 없다는 사실이었습니다. 그래서 인종은 세 개가 아니라 다섯 개라는 주장이 나왔고, 일곱 개라는 주장도 나왔습니다. 세계에 인종이 도대체 몇 개나 있는지 연구하는 사람까지 생겨났습니다.

인종은 없다, 다양한 사람이 있을 뿐

인종은 종과 같은 생물학적인 개념이라는 생각은 설득력이 없습니다. 어떤 집단이 다른 종이 되려면 고립의 상태가 지속되어야 합니다. 얼마나 지속되면 다른 종이 될까요? 오스트레일리아 원주민의 경우를 봅시다. 오스트레일리아에 현생 인류가 처음 정착한 시점은 6만 년 전입니다. 그 이후 네덜란드인들이 17세기에 오스트레일리아로 들어올 때까지, 이 인류 집단은 5만~6만 년 동안 고립돼 있었습니다.[4]

그래서일까요? 오스트레일리아 원주민은 누가 봐도 특이하게 생겼습니다. 이들을 처음 대면한 유럽인들은 당연히 원주민의 '인간성'을 의심했겠죠. 혼인도 금지했습니다. 하지만 금지도 이질감도 아이가 생기는 건 막지 못했나 봅니다. 유럽인과 오스트레일리아 원주민 사이에는 결국 아이들이 태어났습니다. 흔히 생물학에서는 서로 다른 종 사이에서는 아이가 태어나기 어려우며, 태어나더라도 불임이 된다고 설명합니다. 말과 당나귀 사이에서 태어난 노새처럼 말입니다. 그렇다면 오스트레일리아 원주민이 다른 종이었을 경우 이들과 백인 사이의 자손은 불임이어야 합니다. 하지만 그렇지 않았습니다. 6만 년 동안이나 고립되어 있었어도 다른 종으로 갈라지지 않았다면 인류는 적어도 고립에 의한 새로운 종의 출현은 기대할 수 없습니다.

---

4) 오스트레일리아 대륙의 인류가 어느 정도로 고립이 되어 있었는지에 대해서는 많은 논란이 있습니다. 아마도 지속적으로 유입은 되었겠지만, 오스트레일리아 대륙에 일단 도착하면 다시 떠나기는 힘들었을 것입니다.

인종이 생물학적인 종이 아니라면, 종의 하위 개념인 '아종(sub-species)'인지 살펴볼 수 있습니다. 아종은 '어느 정도로 고립된 상태에 있으며, 고립 상태가 계속되면 종이 될' 집단으로 정의됩니다. 그런데 아종 역시 추상적인 개념이라 모호하긴 마찬가지입니다. 아종의 조건은 고립입니다. 도대체 어느 정도로 고립돼야 아종으로 인정될 수 있는지, 종과의 경계는 정확히 어디인지 정의하기 어렵습니다. 게다가 아종을 인간의 경우에 적용시키면 또 다른 문제가 발생합니다. 인간은 어떤 집단이라도 고립된 상태로 존재할 수 없습니다. 고산 지대에 숨어 지내던 사람까지 찾아가 텔레비전이나 사진으로 소개하고야 마는 현실을 생각해 보세요. 인간은 고립을 오래 지속하지 않았고, 따라서 아종이라는 개념은 의미가 없습니다. 당연히 아종보다 더 오래 고립돼야 나타날 새로운 종 역시, 현실의 인간과는 상관이 없습니다.

마지막으로 인종이 종인지 아종인지 명확히 정의 내리기 어려운 현실적인 문제가 있습니다. 종이든 아종이든, 사실상 추적이 불가능하다는 점입니다. 어떤 두 종이 서로 같은 종인지 아닌지 알기 위해 개체 하나하나를 직접 교배시켜 볼 수 있을까요? 불가능합니다. 시간과 돈이 많이 들고 더군다나 윤리적인 문제가 있습니다. 특히 그 대상이 인간과 가까운 동물이거나, 아예 인간 자신이라면 문제는 더 커집니다. 예를 들어 인간과 가장 가까운 침팬지가 서로 다른 종이라는 사실을 확인하기 위해 서로 교배를 시켜 볼 수 있을까요? 없습니다. 하지만 우리는 그런 확인을 거치지 않고도 둘이 다른 종이라는 사실을 알며, 의심하지 않습니다.

이것은 '생김새'를 관찰해 유추할 수 있기 때문입니다. 같은 종이라면 유전자 풀(gene pool)을 공유하기 때문에 생김새가 비슷합니다. 우리는 누구나 멀리서도 사람인지 다른 동물인지 구분합니다. 개개인의 생김은 모두 다르지만, 한편 다른 동물과 구분되는 공통된 특징이 있고 이것을 모두가 알고 있습니다. 하지만 만약 두 생물 집단이 서로 고립돼 있어 유전자 풀도 갈라지게 되었다면 어떨까요? 이들은 시간이 갈수록 서로 생김새가 달라지게 될 것입니다. 서로 유전자를 주고받지 않으니까 차이점이 그대로 굳어지는 거지요. 이런 상태가 지속되면 이 두 생물 집단은 아종이 되고, 결국 서로 다른 종이 됩니다. 어떤 집단과 집단 사이에 보이는 생김새의 차이로 종을 구분할 수 있는 것은 바로 이런 이유 때문입니다.

현재는 다양한 인종을 서로 다른 종이라고 생각하는 사람은 사라졌습니다. 생물학적으로 구분하기에는 세계 각지의 인류는 특징이 너무나도 다양하고, 또 딱 잘라 구분하지 못할 정도로 모호했거든요. 어떤 형질은 인종의 지역적 분포와 일치하여 분포합니다. 예를 들어, 부삽 모양의 앞니(shovel-shaped incisor)는 아시아인에게 많이 나타납니다. 반대로 인종과 상관없이 분포하거나, 연속적으로 분포하기 때문에 딱 끊기 어려운 경우도 있습니다. 예를 들어 피부색은 점층적으로 분포합니다. 어디부터 '검은 피부'의 흑인으로 정의할지 '흰 피부'의 백인으로 정의할지 결정할 수 없습니다. 다른 예로, PTC라는 매우 쓴맛을 맛볼 수 있는 사람과 맛볼 수 없는 사람은 분명히 구분되지만 인종의 구분과는 아무런 상관이 없습니다. 인류학에서는 인종이 생물학적인 개

넘이 아니라 역사나 문화, 사회 등 인문학적인 개념으로 보는 경향이
강합니다.

네안데르탈인은 다른 종, 원주민은 같은 종?

이 이야기를 현생 인류의 기원에 적용해 보면 재미있는 의문에 부딪
힙니다. 현생 인류의 기원인 후기 구석기 유럽인과 네안데르탈인은 얼
마나 다르게 생겼을까요? 생김새의 차이가 서로 같은 종으로 볼 수 없
을 정도로 클까요? 만약 차이가 있긴 하지만, 같은 종 사이에서 볼 수
있는 다양성 수준을 벗어나지 않는다면 굳이 다른 종으로 분류할 근
거는 없지 않을까요?

네안데르탈인까지 갈 것도 없습니다. 네안데르탈인과 현생 인류를
비교한다면, 비교할 대상을 먼저 잘 정의해야 하는데 그것부터 모호
합니다. 유럽인, 아시아인, 아프리카인, 오스트레일리아와 아메리카
의 원주민을 모두 포함해야 할까요? 만약 그렇다면 그 기준은 무엇일
까요? 실제로 이와 관련한 논쟁이 있었습니다. 1980년대에 인류학계
의 맞수였던 영국 자연사 박물관의 크리스토퍼 스트링거(Christopher
Stringer) 박사와 미국 미시간 대학교의 밀포드 월포프 교수는 현생 인
류의 정의를 놓고 논쟁을 벌였습니다. 스트링거 박사는 현생 인류에
대한 정확한 정의를 내려야 기원을 찾을 수 있다는 주장을 펼치고, 현
생 인류라고 부를 수 있는 특징들을 열거했습니다. 말하자면 '인간의

조건'을 내세운 셈이지요. 그런데 문제가 벌어졌습니다. '조건'을 바탕으로 분류해 봤더니, 오스트레일리아 원주민 등 상당수가 인류의 범주에서 제외됐던 것입니다. 다시 말해 사람이 아닌 거죠. 이에 반해 월포프 교수는 이런 생각에 반대하고 현생 인류에서 이들을 제외할 수 없다고 주장했습니다. 오히려 틀린 것은 스트링거 박사가 제시한 '인간의 조건 목록'이었다는 것이었지요.

왜 이런 황당한 논쟁이 벌어졌을까요? 다시 '현생 인류의 정의' 문제로 돌아와 보겠습니다. 앞서 이야기했듯, 오스트레일리아 원주민은 다른 사람들과 생김새가 꽤 다릅니다. 6만 년이나 고립돼 있었으니 고유한 특성이 많이 생겼겠죠. 그래서 만약 오스트레일리아의 원주민을 같은 종(인류)으로 포함시킨다면, 생김새가 몹시 다양한 다른 사람들(고인류 포함)도 같은 종으로 인정할 수 있지 않느냐는 질문이 가능해집니다. 여기서 문제가 되는 게 바로 네안데르탈인입니다. 생김새는 비록 많이 다르지만, 그렇다고 오스트레일리아 원주민과 유럽인 사이에서 볼 수 있는 생김새의 차이보다 월등히 그 차이가 큰 것도 아니거든요. 네안데르탈인의 생김새는 현생 인류가 지닌 생김새의 다양성 범위 안에 충분히 포함됩니다. 네안데르탈인 역시 현생 인류의 일부가 될 가능성이 있는 것입니다. 더구나, 최근에는 네안데르탈인과 현생 인류 사이에 자손이 나왔고, 그 결과 우리를 비롯해 지구 곳곳의 현생 인류의 몸 안에 네안데르탈인의 유전자가 있다는 사실이 밝혀졌습니다. 그렇다면 둘을 다른 종으로 구분하는 게 과연 옳을까요? '호모 네안데르탈렌시스'인지 '호모 사피엔스 네안데르탈렌시스(현생 인류의 아종)'인지 논쟁이 그치지 않는 이유입니다.

인류는 정말 아프리카에서 홀로 기원했을까?

스트링거 박사와 월포프 교수의 논쟁은 끝났지만, 그 뿌리는 아직 완전히 끝난 것은 아닙니다. 단순히 누구를 인류에서 배제하느냐 마냐의 문제가 아닙니다. 인류의 기원이 관련된 문제입니다.

인류의 이런 엄청난 다양성을 보고 나면, 현생 인류가 언젠가 한순간에, 하나의 지역에서 기원했다고 보는 '아프리카 기원론(완전 대체론, 단일 지역 기원론)'이 과연 옳은가 되묻게 됩니다. 하나의 기원에서 시작됐다고 보기에는 너무나 다른, 다양한 인류가 우리 안에 있기 때문입니다.

그래서 저는 다른 입장에 서 있습니다. 현생 인류가 한곳이 아니라 다양한 지역에서, 홀로 세계로 진출한 게 아니라 각 지역에 존재하던 여러 인류와 만나 교류하며 동시 다발적으로 진화했을 것이라고 봅니다. 그리고 이것이 오늘날 볼 수 있는 광범위한 지역적 다양성의 비결이라고 생각합니다. 이들이 모두 현생 인류의 한 식구인 것은 물론이고요. 이런 생각은 현생 인류가 어느 한 시점에 홀로 아프리카에서 태어난 게 아니라 여러 지점, 여러 시점에서 다발적으로 태어났다는 생각으로 이어집니다. 바로 아프리카 기원론의 맞수인 '다지역 연계론(다지역 진화론)'입니다. 네안데르탈인과 현생 인류가 서로 교류하며 유전자 이동(gene flow)을 통해 계속 하나의 종으로 진화해 왔다는 다지역 진화론은 최근의 유전학 연구 결과와도 부합합니다.

우리는 지금껏 멀고 가까운 여러 친척 인류의 삶과 죽음에 대해 이야기했습니다. 그런데 정작 우리 자신이 속한 종의 시작이 어땠는지에 대해서 가장 기본적인 사실조차 잘 모르고 있습니다. 인류의 진화에 관한 여러 문제 중 가장 흥미진진하고 가장 어려운 문제는 다름 아닌 우리 자신이 아닐까 생각하게 됩니다.

학문과 정치

아프리카 기원론과 다지역 연계론이 한창 뜨겁게 학계를 달구고 있던 1990년대에는 급기야 개인적인 감정까지 개입되는 상황이 벌어졌습니다. 양 진영의 학자들이 서로 인종 차별주의자라고 은근히 공격하기 시작한 것입니다. 아프리카 기원론에 동조하는 학자들은 현생 인류가 아프리카에서 최근에 기원하였다는 점을 들어 우리 눈에 보이는 다양성이 모두 최근에 생겼으며, 우리는 모두 진하게 피를 나눈 형제자매일 뿐이라고 주장했습니다. 더불어 다지역 연계론은 인류가 서로 다른 인종으로 나뉜 지 오래되었다는 주장이기 때문에 인종학적인 주장과 별다를 것이 없다고 지적했습니다. 다지역 연계론에 동조하는 학자들은 인류가 서로 다른 인종으로 나뉜 것이 아니라 지속적인 유전자 교환으로 같은 종을 유지해 왔기 때문에 매우 오랜 시간 동안 같은 동포였다고 주장했습니다. 더불어 현생 인류가 최근에 아프리카에서 기원하여 전 세계로 퍼지면서 기존의 인류 집단과 피를 하나도 섞지 않고 모두 죽이거나 몰아내어 멸종하게 만들었다는 주장이야말로 아프리카인에 대한 인종 차별적 편견과 식민주의적인 공포를 반영한다고 지적했습니다. 물론 이 모두 정식 논문으로 발표되기보다는 세미나 장소 혹은 사석에서 오간 논쟁입니다. 서로의 경쟁 학설에 대해 논리와 자료를 벗어나 정치적인 파장이 있는 주장까지 불사하게 된 것은, 결국 당시의 뜨거웠던 학계 분위기를 나타내는 것이기도 하고 논리를 근간으로 삼도록 훈련 받은 학자들도 일개 인간일 뿐임을 드러내는 일이기도 합니다.

오스트랄로피테쿠스 세디바의 유소년 두개골 화석

22장
인류는 지금도 진화하고 있다

"인류는 지금도 진화하고 있나요?"

강의를 하다 보면 자주 듣는 질문입니다. 인간은 문명과 문화를 이룩했고, 따라서 생물학적으로는 더 이상 진화하지 않고 있다고 생각하는 사람들이 많습니다. 생물학적인 차원을 초월한 고등한 존재가 됐다고 말이죠.

1960년대의 저명한 인류학자 레슬리 화이트(Leslie White)는 "인간이라는 유기체에게 문화란 체외 적응 기재다(Culture is the extra-somatic means of adaptation for the human organism)."라는 말을 남겼습니다. 인간은 문화를 통해 환경에 적응한다는 뜻입니다. 이 말에 따른다면, 이런 가정을 해 볼 수 있습니다. 문화와 문명이 발전할수록 인간은 몸을 통해 환경에 적응하기보다는 도구를 통해 환경에 적응하게 될 거라고요. 예를 들면 춥다고 두꺼운 지방층을 발달시킬 필요 없이, 따뜻한 난

방을 해서 견디면 되거든요. 문화는 계속해서 엄청나게 발전하고 있으니, 굳이 몸으로 적응할 필요는 줄어들 것입니다. 논리적으로는 틀린 것이 없습니다. 그런데, 정말 그런가요? 우리는 진정 진화의 법칙마저 초월하고 있을까요?

또 하나 생각나는 일화가 있습니다. 제가 박사 논문을 쓰던 1990년대의 일입니다. 문화 인류학을 전공하고 있던 동기가 제게 물었죠.

"논문 주제가 뭐니?"

"인류 진화 역사에서 성차(성별에 따른 형질적 차이, sexual dimorphism)가 어떻게 변화했는지, 화석을 통해 살펴보고 있어."

그 다음 동기의 말에 저는 크게 놀랐습니다.

"성별의 차이? 성별은 오로지 사회 문화적인 개념인데 어떻게 뼈를 보고 알 수 있다는 말이니?"

1990년대 미국 인류학계의 분위기를 그대로 나타내 주는 말이었습니다. 당시 사람들은, 인간은 '문화적인 존재'이기 때문에 생물학적인 몸을 초월했다고 생각했습니다. 인간의 모든 것은 문화를 통해 이뤄졌으며, 심한 경우는 몸과 유전자조차 사회 문화적인 개념이라고 주장하는 사람도 있었습니다. 인류는 생물학과 완전히 결별한 듯 보였습니다.

1만 년 전, 문화적인 인간이 태어나다

인간이 도구를 만들기 시작한 것은 200만 년보다도 전이지만, 문명이 본격적으로 나타난 것은 약 1만 년 전 농경과 가축화가 시작된 다음입니다. 농경과 가축화가 정착되자 인류는 먹을거리를 직접 만들 수 있게 됐고, 생산성은 급격하게 올라갔습니다. 잉여 자원이 생겼습니다. 잉여 자원은 계급 사회를 낳았고, 문명을 탄생시켰습니다. 문화는 점점 더 빨리 변화했습니다.

인류를 변화시키는 주도권은 점차 문화가 쥐었습니다. 생물학적인 측면인 진화는 점점 뒷전으로 물러나는 듯했습니다. 심지어 유전학자들조차 "지난 1만 년 동안 일어난 인류의 유전자 변화는 모두 환경에 유리하지도 않고 불리하지도 않았고, 따라서 환경의 선택을 받지 않았다."라고 주장했습니다. 중립 이론이 주도하는 유전학계에서는 다윈 진화의 핵심 내용인 환경에 따른 유전자의 선택은 뒷전으로 밀려났습니다.

하지만 21세기에 유전학 분야에서 새로운 연구 결과가 발표되며 사정이 바뀌었습니다. 인간의 대표 게놈이 판독되고, 판독된 개인 게놈의 수도 나날이 늘고 있습니다. 이제는 여러 사람의 유전자를 서로 비교해 볼 수 있을 만큼 많은 유전 정보가 쌓였습니다. 이를 통해 어떤 유전자가 얼마나 다양하게 변화했는지 추적해 보니, 기존의 주장과는 달리 변화한 유전자가 하나둘씩 나타났습니다. 인간의 유전자는 계속 진화를 해 왔을 뿐 아니라, 놀랍게도, 문명이 발달하면서 더욱 그 진화 속도가 빨라졌습니다. 그리고 그 변화를 '일으킨' 주체는 다름 아닌 문화였습니다.

흰 피부를 예로 들겠습니다(7장 '백설공주의 유전자를 찾을 수 있을까?' 참조). 인류는 탄생한 뒤 가장 오랜 시간을 적도 부근의 동아프리카에서 보냈습니다. 적도 부근이므로 자외선이 강했고, 자외선을 막는 멜라닌 색소를 많이 만들어 내는 돌연변이가 환경의 선택을 받았습니다. 그래서 인류는 원래 피부색이 검었습니다. 일부 인류는 이후 아프리카를 떠나 전 세계로 퍼지면서 햇빛이 약한 중위도 지역에서까지 살게 됐습니다. 이때는 빙하기가 본격적으로 기세를 떨치던 때로, 구름이 많이 끼어 햇빛은 더 약해졌습니다. 멜라닌 색소가 많은 피부는 자외선을 막아 오히려 불리해졌습니다. 잘 알려져 있듯, 자외선은 비타민 D를 합성하는 데 필수니까요. 비타민 D 합성이 안 되면 인체는 칼슘을 흡수할 수 없게 되어서 뼈에 이상이 생기고, 생존에는 물론 자손을 낳을 때(번식)에도 큰 위험 요인이 됩니다. 그래서 중위도에 살던 사람들은 멜라닌 색소가 없는 돌연변이를 지니게 됐고, 피부가 하얘졌습니다. '비타민 D 가설'입니다. 이 가설이 맞다면 인류가 아프리카를 떠나 북위권으로 진출한 200만 년 전부터 흰 피부가 시작되어야 합니다. 흰 피부가 언제부터 시작되었는지는 화석으로 밝힐 수 없습니다. 피부는 오래된 화석에서 남아 있지 않으니까요. 그 해답은 유전자를 통해 알려졌습니다.

피부색을 결정하는 유전자는 1999년에야 처음 발견돼 현재까지 10개 이상이 밝혀졌습니다. 그런데 이상하게도 대륙마다 분포가 다릅니다. 피부색이 대략 비슷한 정도로 검거나 희다고 해도 그 유전적인 조합은 다른 것이죠. 유럽인의 흰 피부는 아시아인의 흰 피부와 다른 색깔을 띱니다. 그런데 유럽인의 흰 피부는 인류가 아프리카를 떠나 북쪽으로 퍼지고 나서 한참 뒤인 지금으로부터 5000년 전 비로소 처음 나타났다는 사실이 드러났습니다. 인류가 북쪽으로 진출한 직후는 지금으로부터 200만 년 전인데, 그보다 훨씬 뒤에 일어난 일입니다. 비타민 D 가설이 간단하게 들어맞지 않는 것입니다.

이에 학자들은 새로운 가설을 제시했습니다. 중위도 지방에 산 이후에도 인류는 사냥 등으로 고기와 생선을 풍부하게 먹었습니다. 이런 음식에는 비타민 D가 풍부했고, 따라서 굳이 피부로 합성할 필요가 없었습니다. 이미 피부에 있던 멜라닌 색소를 없앨 필요도 없었기 때문에, 흰 피부도 한동안 나타나지 않았습니다. 그런데 농경이 시작된 1만 년 전부터 이런 생활에 변화가 일어났습니다. 고기와 생선 대신 곡물을 주로 섭취하게 되면서 비타민 D를 충분히 섭취하지 못하는 상황이 됐습니다. 그 결과, 결국 부족한 비타민을 합성하기 위해 피부로 햇빛을 받아들이는 방법을 택하게 됐습니다. 이제 자외선을 통과시켜 비타민 D를 만들 수 있는 흰 피부가 검은 피부보다 유리해졌고, 이 사람들의 피부는 하얘졌다는 것입니다. 농경이라는 문화적 요인이 흰 피부의 선택을 초래한 셈입니다. 문화가 진화를 대체한 게 아니라, 반대로 진화를 촉진했습니다.

사실 이런 주장은 1970년대부터 뼈의 형질을 연구한 학자들을 중심으로 제기되어 왔습니다. 미국 캔자스 대학교의 데이비드 프레이어 교수는 유럽 후기 구석기 시대와 중석기 시대 인골을 연구한 결과 그 변화 속도가 이전보다 훨씬 빠르다는 사실을 발견했습니다. 하지만 당시에는 문명과 문화의 발달로 오히려 진화가 느려진다는 생각이 주류였기 때문에 받아들여지지 않았지요. 하지만 이제는 이런 예가 풍부하게 발견되고 있습니다. 몇 년 전에는 이런 진화 사례를 주제로 한 『1만 년의 폭발(The 10,000 Year Explosion)』이라는 책이 출판됐을 정도입니다.

의학 발달이 진화를 촉진하다

플라이스토세와 비교할 때, 최근 5000년 동안 인류는 그 이전 인류에 비해 100배나 빨리 진화했습니다. 여기에 영향을 미친 요인은 다양합니다. 먼저 아주 신선한 가설로 '인구 증가'를 내세우는 사람이 있습니다. 1만 년 전 농경이 발달하며 인구가 늘어나자 유전자의 돌연변이 수도 함께 늘었습니다. 돌연변이 발생률이 똑같더라도, 인구가 더 많으면 실제로 일어나는 돌연변이 수는 늘어나게 마련입니다. 돌연변이 수는 다양성과 연결됩니다. 그래서 인류의 다양성도 늘어났습니다. 다양성은 진화의 전제 조건이기 때문에, 다양성이 높은 집단에서 진화는 활발해졌습니다. 이렇게 인류의 진화는 점점 빨라졌습니다.

인류 집단 사이의 교류도 진화를 촉진했습니다. 원래 인류는 초기부터 끊임없이 여러 지역과 유전자를 교환했습니다. 그러다 1만 년 전에 농경이 발달하고 그 후 국가가 세워지고 대규모 전쟁과 이주가 이루어지기 시작했습니다. 인류는 유라시아와 아프리카의 대륙을 넘나들게 됐고, 교류가 폭발적으로 늘며 유전자의 다양성을 무서운 속도로 퍼뜨렸습니다.

의학의 발달도 다양성을 빚어내는 새로운 요인이 됐습니다. 예전에는 살아남지 못했을 사람의 유전자도 후대로 전수할 수 있게 되었기 때문입니다. 예를 들어, 농경 사회나 네안데르탈인 시대에 태어났더라면 단명했을지도 모를 만큼 심한 근시인 저도, 이렇게 살아남아서 사회에 생산적인 일을 하고 있습니다.

마지막으로 인류 다양성의 숨 막히는 증가는 다시, 전에 없던 또 다른 형태의 다양성을 낳았습니다. 바로 지역성입니다. 최근 티베트 지역에 사는 사람에게서 고산 지역에 적응할 수 있는 유전자(EPAS1) 돌연변이를 발견한 것이 그 예입니다. 이 돌연변이는 불과 1000년 전에 생긴 뒤 퍼져서 '세계에서 가장 빠르게 진화한 유전자'라는 별명이 붙을 정도였습니다.[5] 이전에는 선택에 유리한 돌연변이가 나타나면 금세 인류 전체에 퍼졌습니다. 하지만 이제는 이런 새로운 다양성과 지역적 환경이 어우러져 지역적인 특징으로 남게 됐습니다. 새로운 환경에 대한 적응으로 문화와 문명이 생기면, 다시 그 대응으로 각기 크고 작은 다양한 환경이 생겨났습니다. 이런 다양한 환경에, 각각 인구 증가로 생겨난 다양한 특징의 인류가 적응하고 진화하면서, 인류의 형질은 한층 더 복잡하고 다채로워졌습니다.

---

[5] 그런데 최근 이 유전자는 데니소바인에서 유입되었다고 발표되었습니다.

다양성의 미래를 예상하며

우리는 진화가 천천히 일어난다고 생각합니다. 조금씩 눈에 띄지 않게끔 말이죠. 그런데 사실은 무서운 속도로 일어날 수도 있습니다. 농작물이나 가축, 애완동물만 봐도 쉽게 알 수 있습니다. 불과 1만 년 이하의 짧은 시간에 놀랍도록 다양한 형태가 나타났잖아요.

진화에서, '우월'과 '이익'은 절대적인 가치가 아닙니다. 어쩌다가 갖게 된 특성(형질)이 우연하게 바로 그 순간의 환경에 적합하다면, 그 형질은 우월하고 유리한 형질이 됩니다. 하지만 똑같은 특성이 전혀 다른 환경에 나타난다면, 오히려 불리한 특성이 될 수 있습니다. 세상 어디에도 절대적으로 유리한 특성은 없으며 절대적으로 불리한 특성도 없습니다.

우리는 생물의 일종으로서 진화의 거대한 운명을 거스를 수 없습니다. 인간은 진화합니다. 하지만 동시에, 스스로 만든 문화와 문명으로 자신의 진화에 영향을 끼칠 수 있는 특이한 존재이기도 합니다. 지니고 있는 어떤 특성도 절대적으로 유리하거나 우월하지 않지만, 인간은 스스로 자신을 위해 그 특성을 활용할 수 있는 능력이 있습니다. 그런 우리가 할 수 있는 가장 좋은 일은 무엇일까요? 우리가, 그리고 다른 생물이 함께 살고 있는 지구의 환경을 보호하고 가꾸는 일은 아닐까요?

한 사람의 인간이 할 수 있는 일은 극히 미미합니다. 하지만 우리는 이미 경험이 있습니다. 미지의 대륙을 향해 폭발적으로 번져 나갔고 정교한 문화를 발전시켰으며 셀 수 없이 다양한 모습으로 진화했습니다. 다채로운 그 한 사람 한 사람이 보여 줄 작은 행동들은 결코 미미하지 않을 것입니다.

사랑니가 늘어난다?

의학이 다양성을 불러온 복잡한 사례로 사랑니(제3대구치)가 있습니다. 인류는 음식 문화를 발달시키면서 부드럽고 푹 익힌 음식을 선호하게 됐습니다. 이에 따라 턱뼈의 크기가 줄어들었고, 이가 날 자리 또한 줄어들었습니다. 그 결과 덧니가 늘고 사랑니가 나올 자리가 없어졌습니다. 못 나오거나 삐뚤어지게 나오는 사랑니에는 충치와 치주염이 잘 생기고, 이 염증이 몸 전체로 퍼지면 극심한 고통 속에 죽을 수도 있습니다. 이런 경우라면 사랑니가 나지 않는 게 유리합니다. 인류학자들이 옛 인류 화석을 조사해 보니, 실제로 제3대구치가 나지 않은 사람이 늘어났다는 사실을 알 수 있었습니다.

그런데 치의학이 발달한 현대에는 또 다른 상황이 펼쳐지고 있습니다. 사랑니가 문제가 되면 뽑을 수 있게 되자, 사랑니가 굳이 나오지 않아야 할 이유가 사라졌습니다. 아마 미래에는 사랑니가 안 나오는 사람들이 더 이상 늘지 않을 것입니다. 아니, 사랑니가 나오는 사람들이 오히려 더 늘어날 수도 있습니다.

난쟁이 인류 '호빗', 호모 플로레시엔시스가 발굴된 인도네시아 플로레스 섬의 동굴

맺음말 Ⅰ
큰 대가를 치르고 얻은 소중한 인류의 모습

　제가 운영하고 있는 인류의 진화에 대한 SNS에 평소에 댓글을 자주 다는 독자가 글을 올렸습니다. '감사 릴레이'에의 초대였습니다. 지난여름 유행한 '감사 릴레이'는 감사할 일을 세 가지 들고 그 다음 주자를 지목하는 게임입니다. 저는 곧 인류 진화 역사상에서 감사할 만한 일을 생각해 보았습니다. 그런데 문제가 생겼습니다. 감사하기만 한 일이 도무지 없는 것입니다. 하나하나 꼽아 봤습니다.

　첫째로 감사할 일은 직립 보행입니다. 두 발로 곧 선 걸음을 하여 두 팔이 자유롭게 도구를 만들고, 물건과 아기를 나를 수 있게 되었죠. 털이 없어져서 매끈해진 엄마의 몸은 아기가 잡고 매달리기 어렵습니다. 엄마의 자유로운 두 팔은 그런 아기를 튼튼히 안고 다닐 수가 있습니다. 그러나 직립 보행으로 인해 요통은 너무도 흔해졌습니다. 삐끗하면 움직이지 못하고 자리보전해야 하고요. 게다가 심장이 무리를 해서 중력을 거슬러 머리끝까지 피를 올려 보내야 합니다. 만성적으로 심장에 무리가 가게 됩니다.

　둘째로 감사할 일은 큰 머리입니다. 호모 사피엔스라는 이름에 걸맞는 똑똑함과 그 똑똑함을 담고 있는 머리는 인간의 정체성에 중요한 아이템이죠. 커다란 두뇌로 무한한 정보를 소화하여 점점 척박해지는 환경 속에서 새로운 먹을거리인 동물성 지방과 단백질을 많이 구할 수 있게 되었습니다. 그리고 점점 커지는 사회적 관계의 바다를 능란하게 헤쳐 나갈 수 있게 되었습니다. 그러나 큰 머리를 만들기 위해서는 큰 머리로 시작해야 했습니다. 골반 너비보다 큰 머리의 신생아를 뼈를 쪼개는 아픔을 견뎌 내고 낳아야 합니다. 아이를 낳을 때마다 목숨을 걸어야 할 만큼 위험하고 고통스러운 일을 겪습니다.

셋째로 감사할 일은 오래 살기입니다. 손주를 보고 나서도 상당한 기간 동안 살아 있을 정도로 장수를 누리는 사람들이 늘어나게 되었습니다. 할머니의 도움으로 인간의 아이처럼 손이 많이 가는 아이 두세 명을 한꺼번에 기를 수 있게 되었습니다. 삼대가 겹치면서 세대 간에 정보가 쌓이고, 쌓여진 정보가 다음 세대로 전달될 수 있게 되었습니다. 그러나 그 트렌드가 계속된 오늘날은 노년층이 늘어난 데 비해 소년층은 줄어들어 사회의 경제적, 문화적 부담이 크게 되었습니다.

그다음 감사할 일인 농경과 목축에 생각이 미치자 저는 숙연해졌습니다. 자연 환경에 100퍼센트 의존하지 않고 환경을 직접 일구어 먹을거리를 자유자재로 만들게 되었습니다. 그 결과로 생산성이 증가하고 문명이 발달하게 되었습니다. 그러나 잉여 생산과 사유 재산, 계급의 발생과 더불어, 대량 학살, 전쟁이라는 인류 역사상 초유로 인간끼리 대규모로 서로 죽이는 끔찍한 일들이 생기기 시작했습니다. 흉년에는 기아 상태가 발생했습니다. 짐승들을 가까이 두면서 전염병이 가축에서 옮아오기도 했습니다. 인구 밀도가 높아지면서 무서운 전염병이 생겼습니다. 우리의 문명에 대한 어마어마한 대가를 치른 셈입니다.

이렇게 계속 꼽아 봤자 감사할 일마다 그를 뒤따르는 원망이 있었습니다. 인류의 진화 역사 속에서 감사만 할 수 있는 일은 없었습니다. 감사와 원망은 동전의 앞뒷면과 같이 뗄 수 없는, 함께 갈 수밖에 없는 것일까요? 그리고 깨달았습니다. 그것은 원망이 아니라 대가였습니다. 대가가 크면 클수록, 그 대신에 얻은 것은 그만큼 소중할지도 모릅니다. 세상에 가치 있는 것치고 대가가 없는 경우가 어디 있을까요? 우리 지금의 모습은 큰 대가를 치르고 얻은 소중한 모습입니다.

그런데 사실은 우리의 문명에 대한 대가를 치른 것은 우리뿐만이 아닙니다. 지구상의 모든 생명체들이 대가를 치르고 또 치르도록 몰아가고 있습니다. '사라져 가는 것들'(『사라져 가는 것들의 안부를 묻다』(윤신영, 2014년))에게 감사 릴레이로 초대를 한다면 고개를 절레절레 흔들지 않을까요? 감사할 일보다 원망할 일만 가득하고, 그 원망의 대상은 바로 지구상에서 가장 무서운 포식자, 인간이라고요.

이 세상에서 가장 힘이 세고 무서운 자리를 차지한 우리는 이제 우리 때문에 대가를 치르고 있는 사라져 가는 세상에 대해 좀 더 큰 책임감을 느꼈으면 좋겠습니다. 좀 더 큰 행동으로 보이면 좋겠습니다.

이상희

맺음말 II
낯선 고인류학 세계로의 초대

이 책은 2012년 2월부터 2013년 12월까지 과학 전문 월간지《과학동아》에 실린 글들을 다듬고 보충해 묶은 것입니다. 처음 이 시리즈를 기획한 것은 이상희 교수와 맺은 네안데르탈인의 인연 때문이었습니다. 인류의 진화와 고인류학이라는 주제에 매료된 저는《과학동아》 2011년 3월호 특집 주제로, 당시 막 현생 인류와의 유전자 공유 사실이 밝혀진 네안데르탈인을 다루기로 했습니다. 두 해 전 미국에서 그 주제를 한창 파고들던 독일 막스플랑크 연구소 스반테 패보 박사의 강연을 듣고 대화를 나눈 뒤부터 벼르던 차였습니다.

하지만 고인류학은 국내에 전문가가 많지 않은 분야 중 하나입니다. 저는 마땅한 취재원을 찾기 위해 고심했고, 눈을 국외로도 돌리고 있었습니다. 관련 논문을 찾고 또 찾던 중, 인류의 진화 과정을 잘 정리한 한국어 논문이 있다는 사실을 발견했습니다. 저자는 미국의 대학에서 근무하는 고인류학자였습니다. 답이 올지, 원하는 도움을 받을 수 있을지 반신반의하며 메일을 보냈는데, 의외로 흔쾌히 답장이 왔습니다. 이 교수와의 첫 만남이었습니다.

이후 여러 차례 메일 문의를 하고, 서울이 고요한 적막에 싸여 있던 구정 연휴에 국제 전화로 긴 통화를 했습니다. 특집 기사는 잘 마무리됐고, 저는 언젠가 이 교수와 함께 다음 작업을 할 수 있으면 좋겠다고 내심 마음먹었습니다.

이듬해 잡지 개편을 앞두고, 저는 고인류학 연재를 구상했습니다. 곧바로 이 교수에게 연락을 취했습니다. 저는 고인류학 및 진화라는 주제를 다루면서, 흔히 볼 수 있는 연대기식 순서가 아니면 좋겠다고 생각했습니다. 최초의 인류가 어디에서 어떤 모습으로 태어났고, 이어 어떤 모습의 인류로 진화했으며 결국 현재에 이르렀다는 구성은, 저희가 아니라도 할 수 있을 것이라고 생각했습니다. 그래서 일상적인 소재를 테마로 진화를 풀어내는 독특한 형식의 글을 제안했습니다. 또 다정다감하고 유머가 섞인 이 교수의 어투를 되도록 살릴 수 있도록, 기존의 건조한 기사체 대신 따뜻한 '~습니다' 체로 써 줄 것을 부탁했습니다. 연재 초반 독자의 시선을 끌 수 있도록 초반 주제 순서도 세심히 계획했습니다.

그렇게 들어온 첫 화 초고를 읽고 또 읽었던 기억이 납니다. 편안하면서도 예리한 내용이 담긴 글을 어떻게 하면 독자에게 더 잘 보여 줄 수 있을까 밤늦도록 고민했습니다. 시리즈 기획자이자 편집자로서, 저는 제 기사 이상의 애정으로 글을 다듬었습니다. 이후 2년이라는, 잡지 연재로는 보기 드물게 긴 시간 동안 이 교수와 저는 영감을 주고받으며 기분 좋은 팀워크를 이어 갔습니다.

첫 화가 나가고 독자의 반응이 채 오기도 전에 또 하나의 기회가 찾아왔습니다.《동아일보》에 근무하는 선배 기자를 통해 주말판에 기사를 실을 기회가 온 것입니다. 신문에 맞게 새롭게 글을 정리해 보냈습니다. 반응이 좋았습니다. 곧바로 잡지와 신문에 동시 연재 제안이 들어왔습니다. 이 연재도 1년을 갔고, 덕분에 잡지 독자와는 또 다른 많은 독자를 만날 수 있었습니다.

애정이 담긴 연재물이 이제 책의 형태로 나왔습니다. 또 다른 독자에게 다가갈 차례입니다. 이 교수의 영감 어린 글이 더 많은 이들에게 또 다른 영감을 불러일으키면 좋겠습니다.

윤신영

진화에 대하여 궁금했던 몇 가지

진화는 이제 사회 곳곳에서 찾아볼 수 있는 개념이 되었습니다. 광고에도 자주 등장합니다. '남자'도 진화하고, '냉장고'도 진화하며, '샴푸'도 진화합니다. 그리고 이럴 경우 쓰이는 진화라는 말은 어딘지 모르게 더 나아지고 있다는 뜻입니다. "샴푸의 진화!"라는 광고 카피에서 주는 느낌은 샴푸가 대단히 좋아졌다는 뜻이죠. 그도 그럴 것이, 진화의 한자는 나아갈 진(進), 될 화(化)의 두 자를 씁니다. 앞으로 나아간다는 뜻입니다. 진화가 보통 쓰이는 의미는 바로 '더 나아진, 더 좋아진'의 뜻입니다. 그런데 현재 가장 방대한 학문인 생물학의 근간을 이루는 진화론의 중심에 있는 '진화'라는 개념은 사실 아무런 가치(또는 방향성)가 들어 있지 않습니다. 딱히 옛날보다 더 나아진다는 뜻도, 더 좋아진다는 뜻도 아닙니다. 학계에서 동의한 진화의 뜻은 긴 시간[6]에

---

6) 이 시간이 얼마나 길어야 진화라고 볼 수 있는지는 종마다 다릅니다. 종마다 시간의 의미가 다르기 때문이죠. 20년은 인간에게는 한 세대도 채 못 되는 시간이지만 한 세대가 열흘이 되는 초파리에게는 무려 730세대가 흘러가는 시간입니다. 초파리에게 20년은 한 세대가 25년이라고 치는 인간에게 1만 8000년이 넘는 긴 시간입니다.

걸쳐 일어난 유전자 빈도의 변화입니다. 진화했다는 뜻은 변했다는 뜻
이지 더 나아졌다는 뜻은 아닙니다.

그럼, 진화가 무엇인지 차근차근 짚어 보겠습니다.

놀랍기도, 놀랍지 않기도 했던 진화론

진화론의 내용은 어떻게 보면 당연하고 어떻게 보면 충격적입니다.
어떤 과학적 발견이든 그러하겠지만, 과학적인 발견은 그 자체로 그다
지 놀랍지 않습니다. 지동설-천동설의 예를 들어 볼까요? 지구가 태
양 주위를 돈다고 생각하든, 태양이 지구 주위를 돈다고 생각하든, 우
리네 매일 매일의 삶에는 그다지 큰 영향이 없을 것입니다. 그렇지만
실은 엄청나게 큰 영향이 있습니다. 왜냐고요? 지동설이 감히 대두되
었을 때의 세계관은 '반동적'이었기 때문입니다. 아, 정치적인 발언이
아닙니다. 당시 유럽의 세계관은 정적이었습니다. 이상(이데아)은 그 자
체로 완벽한 제자리를 찾았기 때문에 움직이지 않았습니다. 따라서
움직인다는 것은 완벽한 제자리를 아직 찾지 못했다는 뜻이었습니다.
아마도 중세의 정착 생활과 딱 들어맞았는지도 모르겠습니다. 인간은
세계에서 가장 완벽하고 그 인간이 살고 있는 지구 역시 완벽해야겠
죠? 지구는 당연히 제자리를 지키고 있고 해와 달과 별들은 떠 있는
지구를 중심으로 돌고 있다고 생각했던 것이 천동설입니다. 거기에 반
기를 든 지동설은 단순히 지구가 움직인다고만 말한 게 아니라 '세상

의 중심'인 인간이 사는, '완벽한' 지구가 완벽하지도 않고 우주의 중심도 아니라는 아주 무서운 생각이었기에 그만큼 위험했던 것입니다.

그럼 이야기를 조금 더 진행시켜서 진화론으로 들어가 볼까요? 진화론의 배경에는 지동설도 포함됩니다. 인간이 살고 있는 땅이 우주의 중심이 아니라는 생각과 인간이 세계의 중심이 아니라는 생각은 서로 비슷한 점이 있습니다. 인간이 살고 있는 땅이 우주의 중심이라는 생각에 반기를 든 갈릴레오 갈릴레이(Galileo Galilei)에게는 종교 재판이 열렸습니다. 마찬가지로 인간이 만물의 중심이라는 생각에 반기를 든 다윈에게도 또 다른 형식의 종교 재판이라고 할 무수한 논쟁과 비판이 뒤따랐습니다. 그만큼 다윈의 진화론은 중세 이후 유럽의 세계관을 뿌리부터 흔든 것입니다. 다윈 스스로가 종의 진화에 관한 원고를 써 놓고도 상당한 시간을 두고 망설였을 법도 합니다.

인간이 만물의 중심이라는 생각에 도전을 던지고 내세워진 대안은 인간 역시 자연의 일부분이라는 것, 모든 것은 변한다는 것, 따라서 '종(species)' 역시 변한다는 것입니다. 어떻게 보면 동양 철학과 그렇게 어긋나지 않습니다. 그래서일까요? 동양에서는 진화론에 대한 반대가 그다지 크지 않습니다.

진화론의 기본 상식

첫째로, 진화의 기본 재료는 형질의 다양성입니다. 기존의 유전자와는 색다른, 새로운 것이 출현하여 다양성이 생깁니다. 간단한 예를 들면, 둥근 귀를 가진 집단에 돌연변이가 생겨서 뾰족한 귀가 생기게 됩니다. 이전에는 둥근 귀, 한 가지 유형밖에 없었는데, 이제는 둥근 귀와 뾰족한 귀의 두 가지 귀가 있게 되었습니다.

둘째로, 형질의 다양성과 연결된 재생산의 다양성입니다. 위의 예를 계속 들어 보겠습니다. 만약 둥근 귀를 가졌던지, 뾰족한 귀를 가졌던지, 후손을 남길 확률이 똑같다면 진화는 일어나지 않습니다. 그렇지만 만약 둥근 귀를 가진 개체들보다 뾰족한 귀를 가진 개체들이 후손을 남기는 확률이 높다면, 시간이 흐르면서 뾰족한 귀를 가진 개체들의 비율이 늘어나고, 따라서 뾰족한 귀를 일으키는 유전자의 비율이 늘어나게 됩니다. 여기서 중요한 것은 절대적인 숫자가 아닙니다. 그보다는 상대적인 차이, 그러니까 비율, 시장 점유율입니다. 진화는 본질적으로 집단적이고 상대적인 개념입니다.

그렇다면 어떻게 하여 후손을 남기는 확률이 서로 다르게 될까요? 환경에 적응이 더 잘되어서 어른이 될 때까지 살아남을 확률이 높으면 후손을 남기는 확률 역시 높아집니다. 이를 '자연 선택(natural selection)'이라고 하고, 진화의 메커니즘 중에서 가장 유명하기도 하죠.

살아남는 데에 아무런 영향이 없거나, 혹은 살아남는 데에 더 불리한데도 상대 성(性)이 선호하기 때문에 후손을 남길 확률이 높아질 경우도 있습니다. 이를 '성 선택(sexual selection)'이라고 합니다. 성 선택으로 유명한 예는 공작새죠. 수공작의 길고 화려한 꼬리는 생존에 도움이 되기는커녕 오히려 해가 될 수도 있습니다. 거치적거려서 재빨리 도

망가야 할 때에 순발력 있게 움직이지 못하고, 화려한 색깔은 호시탐탐 노리는 천적의 눈에 확 띄게끔 합니다. 언뜻 생각하면 이렇게 눈에 띄는 형질을 가지고 있는 개체는 후손을 많이 남기지 못하게 되고 조만간 이 화려한 꼬리라는 형질은 사라져야 마땅합니다. 그런데 그렇기는커녕 모든 수공작새가 화려한 꼬리를 가지고 있지요. 이렇게 모순적인 상황을 설명하기 위해 다윈은 성 선택이라는 개념을 내놓았습니다. 암공작새들이 이유는 불문하고 화려한 꼬리를 가진 수컷을 선택하여 알을 낳기 때문이라는 설명입니다. 화려한 꼬리가 좋은 영양 상태를 나타내든, 화려함에도 불구하고 천적에게 먹히지 않는 뛰어남을 나타내든, '도무지 알 수 없는 암컷들의 속마음'의 결과라는 이야기였습니다.

자연 선택과 성 선택 모두 다윈이 정리했습니다. 자연 선택이든 성 선택이든 기본 전제는 같습니다. 다양하기 때문에 선택의 여지가 있는 형질 중 유익한 형질을 가진 개체를 선택한다는 것입니다. 선택의 주체는 자연 환경일 수도 있고, 상대 성일 수도 있지요. 자연 선택과 성 선택 모두 다윈이 총합, 정리하여 체계적인 이론으로 발표되었습니다. 다윈은 유전의 법칙이나 유전자에 대한 지식이 없던 시대에 눈에 보이는 현상만을 가지고 이렇게 훌륭한 이론 체계를 세웠으니, 정말 대단하죠?

진화론의 진화

다윈의 진화론을 집대성한 책『종의 기원』(1859년)이 출판된 지 100여 년이 지난 1960년대가 되면서 선택설은 일시적으로 힘을 잃었습니다. 다양성의 근원인 돌연변이의 대부분이 선택과 관련이 없다는 얼핏 보기에 모순적인 현상 때문입니다. 돌연변이가 개체에 미치는 영향 중 유익한 것은 집단 전체에 퍼지기 때문에 더 이상 다양성이 남아 있지 않고, 유해한 것은 곧 사라질 것이기 때문에 역시 더 이상 다양성을 증가시키지 못할 것입니다. 유익하지도 유해하지도 않은 중립적인 돌연변이만이 남아 있지만 이 또한 시간이 흐르면서 모두가 가지게 되거나 반대로 사라질 것이기 때문에 다양성의 입장에서 보면 역시 사라지게 됩니다. 이렇듯 진화나 선택에 의미 있는 다양성(돌연변이)은 우리에게 관찰되지 않으며 관찰되는 다양성은 선택에 중립적인 것뿐입니다. 이런 생각을 체계화한 중립 이론은 선택이 아닌 시간, 집단 크기 등에 의한 무작위적인 변화가 진화의 원동력(메커니즘)이라고 주장하였습니다(18장 '미토콘드리아 시계가 흔들리다'). 여기서 집단 유전학이 크게 발달하게 되었지만, 한편으로는 선택에 대한 학문적인 관심이 멀어지는 계기가 되기도 했습니다. 21세기에 들어서서 선택은 또다시 화두로 등장하고 있습니다. 한 바퀴 돌아온 느낌입니다.

최근에 부상하고 있는 후생 유전학(epigenetics)의 발전은 진화론의 또 다른 장이 열릴 것을 예고합니다. 장 바티스트 라마르크(Jean-Baptiste Lamarck)가 행복하게 웃을 일입니다. 라마르크는 획득 형질이 유전된다는 이론을 주장했습니다. 기린의 긴 목은 윗가지에 난 잎을 뜯어 먹기 위해 목을 점점 늘리다 보니 목이 길어졌다는 설명입니다. 어쩌다 생긴 돌연변이 중에 긴 목이 있었는데 마침 환경에 들어맞아서 긴 목이라는 돌연변이 형질을 가진 기린이 더 많은 후손을 남기게 되었다는 다윈의 자연 선택과는 다른 설명이죠. 살아가면서 우리의 몸은 변합니다. 운동을 열심히 하여 근육을 키우거나, 성형 수술을 받아서 턱이 작고 뾰족해진다 해도 낳은 아이에게 커진 근육이나 작은 턱을 기대할 수 없다는 것은 이미 모두가 알고 있는 사실입니다. 라마르크의 획득 형질 유전설은 틀린 이론으로 그동안 낙인찍혀 왔습니다. 그런데, 놀라운 속도로 발전하고 있는 후생 유전학에 따르면, 획득 형질이 그대로 유전될 수도 있습니다.

진화에 대한 잘못된 상식

"별로 나아진 것이 없는데 진화했다고?"

진화의 결과 비율이 늘어난 형질은 분명히 선택을 받아서 보다 많은 후손을 남긴 형질입니다. 그러나 선택을 받았을 뿐, 절대적으로 '우월한' 형질은 아닐 수도 있습니다. 자연 선택이라면 당시의 환경에 어쩌다 맞았을 뿐이기 때문입니다. 환경이 달라지면 유익했던 형질이 금방 생존에 불리한 형질이 되고, 후손을 남기지 못하고 죽게 됩니다. 성 선택이라면 더더욱 설명하기 힘듭니다. 이성에게 호감이라는데, 그것을 어떻게 설명할 수 있겠습니까? 그리고, 한때 호감이었던 형질이 계속 영원히 호감이라고 장담할 수도 없습니다. 따라서 진화가 일어났다고 나아진다는 보장은 없습니다.

"중간 단계의 연결 고리가 없는데?"

흔한 잘못된 이해 중 하나는 연결 고리(missing link)입니다. 연결 고리는 진화론 역사의 초창기에 인기 있었던 개념입니다. 주로 진화론에 대한 부정적인 시각에서 '만약 진화가 정말 이루어졌다면 화석을 일렬로 배치했을 때 그 사이사이에 뜬 틈을 메울 연결 고리 화석이 발견되어야 한다.'라고 반박할 때 쓰입니다. 화석 자료를 보면 부드럽게 변화하지 않고 그 사이사이에 틈이 있으니까 그 틈을 메울 화석이 나와야 한다는 이 생각은, 진화적인 변화가 조금씩 일정한 시간 간격으로 이루어지기보다는 파격적인 변화가 한 번 일어나면 이후 오랫동안 안정기가 지속된다는 "중단 평형설(혹은 단속 평형설, punctuated equilibrium)"을 기점으로 그다지 설득력 있는 가설이 아닌 것으로 받아들여지고 있습니다.

"우리가 원숭이에게서 진화했다면 지금도 끊임없이 인간으로 진화하고 있는 원숭이들이 있어야 되는데 없지 않느냐?"

이 세상 모든 생물체들이 인간이라는 최정상의 자리에 오르기 위해 진화하고 있다는 생각에서 나온 질문입니다. 이 말이 사실이라면 얼마나 최정상의 자리에 가까운지를 척도로 '고등 동물'과 '하등 동물'을 일렬로 배치할 수 있어야 합니다. 또 하등 동물은 고등 동물이 되려 하고, 고등 동물 중에서도 최고인 인간이 되려고 합니다. 그렇다면 지금이라도 인간이 되고 있는 원숭이들이 어딘가에 있어야 한다는 생각이지요. 그러나 원숭이들 역시 독자적인 진화 역사를 거친 끝에 지금 이 자리에 이 모습으로 있는 것입니다. 그들이 뭐가 아쉬워서 계속 인간이 되려고 애를 쓰겠습니까? 그건 농담이고요. 이 세상 모든 생물체들을 일직선에 올려놓고 가장 끝, 가장 발달된 정점을 인간으로 놓은 다음, 나머지 생물체들을 인간과 얼마나 다르게 생겼는지를 바탕으로 순서대로 놓는 것은 현대 생물학에서 더 이상 인정하지 않는 생각입니다. 아무리 '하등 동물'인 기생충이라도 나름의 적응과 진화 역사를 거친 후 지금의 모습으로 당당하고도 치열하게 있습니다.

"침팬지는 원숭이인가요?"

참, 여기서 용어를 정리하고 가야겠군요. '원숭이' 하면 침팬지를 떠올리는 사람들이 많습니다. 침팬지는 유인원(ape)입니다. 원숭이 (monkey)가 아닙니다.[7]

유인원과 원숭이를 볼 때 가장 눈에 띄고 분명한 차이는 꼬리의 유무입니다. 꼬리가 있으면 원숭이이고, 꼬리가 없으면 유인원입니다. 절대 혼동할 수 없는 차이입니다. 그런데 유인원 중 마지막으로 게놈이

---

7) 이 문제는 영어도 마찬가지입니다. 저의 개론 수업을 들으러 오는 대학생들조차 침팬지를 원숭이라고 부르는 경우가 꽤 됩니다.

밝혀진 기번(gibbon)의 한국어 명칭은 바로 '긴팔원숭이'입니다. 유인원의 이름이 '긴팔원숭이'인 이상, 혼돈스러운 명칭을 바로 잡는 일은 매우 어려울 것만 같습니다. 참으로 유감입니다.

인류 진화의 계보

인류의 조상은 언제 어디에서 시작했을까요? 이를 알기 위해서
는 현생 인류가, 가장 가까운 현생 종인 침팬지와 언제, 어디에서 갈
라졌는가를 살펴봐야 합니다. 분자 생물학 연구에 따르면, 마이오세
(Miocene)인 800만 년 전에서 500만 년 전 사이에 아프리카에서 현
생 인류의 조상과 현생 침팬지의 조상이 갈라졌습니다. 그러나 갈라
진 시점이나 생물학적인 배경은 정확하게 알려지지 않았는데, 그 시
점에 해당하는 화석 자료가 거의 전무하기 때문입니다. 지난 10여
년 사이에 최초의 인류 조상이라고 주장하는 화석이 많이 발견되었
습니다. 오로린 투게넨시스(*Orrorin tugenensis*), 사헬란트로푸스 차덴
시스(*Sahelanthropus tchadensis*), 아르디피테쿠스 카다바(*Ardipithecus
kadabba*), 그리고 심지어 아르디피테쿠스 라미두스(*Ardipithecus rami-
dus*)까지도 과연 최초의 인류 조상인지, 인류 조상과 침팬지 조상이
갈라지기 이전의 계통, 즉 인류와 침팬지의 공동 조상에 속한 화석인
지 아직 분명하지 않습니다.

분기점 이후의 초기 인류임이 확실시되는 화석은 플라이오세인

400여만 년 전에 아프리카에서 발견되는 오스트랄로피테쿠스속으로, 동아프리카의 아나멘시스(*Australopithecus anamensis*), 아파렌시스(*Australopithecus afarensis*), 보이세이(*Australopithecus/Paranthropus boisei*), 아에티오피쿠스(*Australopithecus/Paranthropus aethiopicus*), 그리고 남아프리카의 아프리카누스(*Australopithecus africanus*)와 로부스투스(*Australopithecus/Paranthropus robustus*) 등이 잘 알려졌습니다. 그 외에 오스트랄로피테쿠스 가르히(*Australopithecus garbi*), 바렐가잘리(*Australopithecus bahrelghazali*), 세디바(*Australopithecus sediba*)[8] 등 오스트랄로피테쿠스속에 속한 '종'과 케냔트로푸스 플라티오프스(*Kenyanthropus platyops*) 등이 1990년대 이후에 발표됐으나, 한 유적에서 출토된 소수의 화석에 붙여진 이름이기 때문에 생물학적으로 정당한 종 이상의 분류 집단으로 인정받을지는 지켜봐야 합니다.

오스트랄로피테쿠스 아나멘시스와 아파렌시스로 대표되는 초기 인류는 직립 보행을 했다는 점 외에는 침팬지나 고릴라 등의 유인원과 두뇌 용량, 두개골 및 치아 형질에서 유사합니다. 특히 초기 인류의 직립 보행은 현생 인류와는 달리 나무 위의 활동도 겸할 수 있는 형태였을 것입니다. 아파렌시스 이후 남아프리카와 동아프리카에 넓게 퍼진

---

8) 이 중 오스트랄로피테쿠스 세디바는 지속적인 발굴을 통해 상당량의 화석이 출토됨에 따라 비중 있는 고인류 화석 종이 되고 있습니다. 또한, 세디바의 원 연구팀은 출토된 화석을 비밀리에 끼리끼리만 나누어 보고 논문을 쓰던 기존의 관행에서 파격적으로 벗어나 처음부터 모든 자료를 공개하는 것을 원칙으로 하고, 갓 학위를 받은 소장파 학자들을 대거 초청하여 분석 작업을 진행하고 있어, 학계의 주목을 받고 있습니다.

인류 조상은 기후 환경이 점차 차고 건조해지면서 살아남기 위해 다양한 적응 양식을 보입니다. 플라이오세 말기의 오스트랄로피테쿠스 계통은 영양가가 낮은 식물성 먹을거리를 보다 많이, 보다 다양한 부위까지 섭취하고 소화시키는 적응 방식에 특화됐습니다. 그래서 저작에 관련된 해부학적 특징이 발달했습니다. 예를 들어 오스트랄로피테쿠스 아에티오피쿠스는 현생 고릴라와 비슷한 크기의 어금니를 가지고 있지만, 몸 크기는 고릴라의 4분의 1 정도에 지나지 않았던 것으로 추정됩니다. 이 사실은, 반대로 말하면 고릴라만큼 씹고 먹어서 고릴라의 4분의 1 정도의 몸집을 겨우 유지했다는 뜻으로, 그만큼 먹을거리의 영양가가 낮았음을 알 수 있습니다.

반면 플라이오세 말기에서 플라이스토세 초기에 새로운 계통으로 등장한 호모속은 영양가가 높은 동물성 먹을거리에 좀 더 많이 의존했으며, 두뇌 용량이 증가한 것이 특징이었습니다. 동물성 먹을거리는 다른 동물이 먹고 남긴 사체를 먹는 방식과, 산 동물을 직접 사냥해 먹는 두 가지 방식이 있었습니다. 이 중 사체를 수집해 섭취하는 호모 하빌리스(*Homo babilis*)와 호모 루돌펜시스(*Homo rudolfensis*)는 골수를 추출할 수 있는 석기를 사용했습니다. 또 다른 호모속 계통인 호모 에렉투스(*Homo erectus*, 호모 에르가스테르(*Homo ergaster*)로 부르는 사람도 있습니다.)는 현생 인류와 계통적으로 가깝습니다. 이들은 살아 있는 동물을 상대로 먹을거리를 만들어 내기 위한 적응 행위로서 수렵에 필요한 도구를 제작해 사용했으며, 고단백, 고지방 먹을거리를 더 많이 섭취한 덕분으로 두뇌 용량과 몸집이 그만큼 많이 증가했습니다. 살아 있는 동물을 잡기 위해 다른 맹수류와의 경쟁을 피할 수 있는 대낮에 활동을 했는데, 땀을 이용해 체온 조절을 하는 새로운 생리적 적응을 통해 가능한 일이었습니다. 땀을 효율적으로 이용하기 위하여 온몸의 털은 없어졌으며, 그에 따라 아프리카 대낮의 강한 일사 광선의 피해를 막기 위해 멜라닌을 통한 적응이 필요해졌습니다. 인류의 조상은 두뇌와 몸집이 커짐과 동시에 몸의 털이 없어지고 검은 피부를 가지게 됐습니다. 한편 이들은 두 발로 걸었으며(직립 보행), 직립 보행의 특징은 현생 인류와 거의 비슷했습니다.

호모속은 인류의 진화 역사상 처음으로 아프리카 밖으로도 진출해 유럽과 아시아에서 많은 화석이 발견됐습니다. 아프리카에서 어떻게, 왜 전 세계로 확산했을까요? 호모속은 아프리카에서 180만~200만 년 전쯤 발생했습니다. 큰 머리와 몸집을 이용해 수렵 생활에 적응하던 호모속은 이후 70만~80만 년 전쯤에 많은 사냥감들이 기후 변화로 아프리카를 떠나자 그 뒤를 쫓아 유럽과 아시아로 확산했습니다. 이것이 불과 몇 년 전까지 널리 받아들여지던 가설이었습니다. 하지만 최근의 자료는 이 정설을 다시 생각하게 합니다. 유럽에서 가장 오래된 호모속(조지아 드마니시에서 발견된 호모 조지쿠스(*Homo georgicus*))과 아시아에서 가장 오래된 호모속(인도네시아 자바에서 발견된 호모 에렉투스, 일명 자바인)이 180만 년 전으로 연대가 올라감에 따라, 아프리카의 호모속과 연대가 비슷해졌습니다. 이에 따라 항간에는 아프리카가 아닌 유럽이나 아시아가 호모속의 발생 지역이라고 주장하는 학자들도 있습니다. 또 유럽 조지아의 드마니시에서 발견된 호모 조지쿠스는 두뇌 용량과 체구가 그다지 크지 않기 때문에, 큰 두뇌와 몸집이 아프리카를 나와 세계로 확산하는 데 중요한 역할을 했다고 믿었던 이제까지의 정설에 상반됩니다. 그러나 아직 뚜렷하게 정설을 대체할 만한 가설이 제기되지는 않은 상태입니다.

아프리카에서 유라시아로의 확산은 어떻게 이뤄졌을까요? 세계로의 확산은 민족의 대이동과 같은 의도적인 이동이 아닙니다. 오히려 인구 증가와 인구압에 의해 자연스럽게 이뤄졌다고 볼 수 있습니다. 그렇다면 확산의 배경에는 출산율의 증가 혹은 사망률의 감소가 있었다고 볼 수 있습니다. 근대화 과정에서 인구 폭발을 걱정하는 경우도 많지만, 정착 생활을 하지 않을 경우엔 출산율의 증가는 쉽지 않습니다. 이동 생활을 할 때 아이가 하나 이상이면 이동을 하기가 어렵기 때문입니다. 아이 하나를 낳아서 그 아이가 어느 정도 집단을 따라 혼자 힘으로 이동할 수 있게 돼야 그 다음 아이를 낳을 수 있습니다. 현대인의 경우, 아이가 독립적으로 움직일 수 있는 나이를 6~7세로 봅니다. 이동 생활을 하는 아프리카의 !쿵 족(부시먼)의 경우, 두 아이 사이의 터울은 5년 정도입니다. 터울이 그보다 짧다면 엄마는 제대로 걷지 못하는 아이들 둘을 안고 메고 짐까지 든 채 이동해야 하므로 생활하기가 어렵습니다. 만약 인구 증가에 의한 확산이 출산율의 증가 때문이라면, 이 말은 아이를 낳고 기르는 터울이 짧아졌다는 것을 의미합니다. 이는 둘 이상의 아이를 키울 수 있는 사회적인 기제가 마련됐다는 뜻입니다. 이 사회적인 기재는 '아버지'였다는 가설(남자의 가족 부양설)과, '할머니'였다는 가설(할머니 가설)이 제기돼 있으며 지금도 팽팽한 논쟁을 벌이고 있습니다.

호모속이 유라시아로 확산됨에 따라, 중기 플라이스토세에는 각 지역별 특징을 지닌 인류 조상 집단이 나타나기 시작합니다. 이들 집단에게 '종'의 이름이 붙여진 경우가 많으나, 과연 생물학적인 종인지의 여부에 관해서는 다양한 입장이 있습니다. 현재 어느 정도 인정되는 종으로는 유럽에서는 호모 하이델베르겐시스(*Homo heidelbergensis*), 호모 네안데르탈렌시스(*Homo neanderthalensis*)가 있습니다. 호모속의 종주국인 아프리카에서는 이 중 호모 에렉투스 혹은 에르가스테르와, 호모 하이델베르겐시스(유럽에서 다시 아프리카로 왔다고 해석됩니다.)가 있고, 아시아에는 호모 에렉투스가 있습니다. 중기 플라이스토세에는 이밖에도 호모속에 속한다고 발표된 종들이 한두 개의 유적이나 화석에 기반한 경우도 많은데, 호모 체프라넨시스(*Homo cepranensis*, 이탈리아의 체프라노 화석), 호모 안테세소르(*Homo antecessor*, 스페인의 아타푸에르카 유적), 호모 플로레시엔시스(*Homo floresiensis*, 인도네시아의 플로레스 유적), 호모 로데시엔시스(*Homo rhodesiensis*, 잠비아의 카브웨) 등이 있습니다. 이에 더하여 전기 플라이스토세의 호모 조지쿠스, 그리고 최근 시베리아의 데니소바에서 발견된 '엑스 여인'이 속한 데니소바인(Denisovan)이라는 새로운 화석도 있습니다.

이 모두 정당한 생물학적 종일까요? 고인류학계에서는 화석이 발견되는 지역마다 새로운 종을 발표하는 경향이 있어 왔습니다. 그러나, 이렇게 종의 이름을 가지고 발표되는 화석 자료가 과연 생물학적인 종인지는 의심스럽습니다. 특히, 그 종이 특정 유적 한 곳에서만 발견되는 경우라면 같은 시기에 좀 더 폭넓은 지역에 분포하는 종으로 편입되는 것은 시간문제입니다. 고인류학의 역사 속에서 유명한 예로는 중국 저우커우뎬의 '베이징인'이 '피테칸트로푸스 페키넨시스(*Pithecanthropus pekinensis*)'라는 독창적인 종으로 발표됐다가 인도네시아 자바의 '자바인'과 함께 피테칸트로푸스 에렉투스로 통합되었고, 이후 피테칸트로푸스가 호모속으로 통합됨에 따라 호모 에렉투스로 이름이 변한 예가 있습니다. 이런 경우는 무수히 많습니다.

이 모든 호모속 종 혹은 집단이 현대 인류(호모 사피엔스)와 어떤 관계가 있을까요? 이 질문은 호모 사피엔스의 기원을 어떻게 보느냐에 따라 두 가지 대답을 할 수 있습니다. 하나는, 아프리카 기원론(Recent African origin of modern humans, 완전 대체론)입니다. 호모 사피엔스는 인류의 진화 역사에서 보면 최근이라고 할 수 있는 10만 년에서 6만 년 전 정도에 아프리카에서 발생한 새로운 종이라는 관점입니다. 이에 따르면 새로운 종인 호모 사피엔스가 아프리카에서 유라시아로 확산하면서 이미 각 지역에서 살고 있던 원주 집단과 하나도 섞이지 않았으며(서로 다른 종에 속하므로), 우월한 문화와 언어에 힘입어 원주 집단과의 경쟁에서 이겼고, 원주 집단은 전멸했습니다. 최근 발견된 에티오피아의 허토(Herto)에서 나온 화석이 주축으로, 이들은 호모 사피엔스의 아종인 호모 사피엔스 이달투(*Homo sapiens idaltu*)로 불립니다. 이 집단이 아프리카에서 확산하여 전 세계로 퍼졌으며, 원주 집단과는 연계가 되지 않는다는 내용입니다.

또 하나는 '다지역 연계론(Multiregional origin of modern humans, 혹은

다지역 기원론)'입니다. 다지역 연계론은 현생 인류가 한 곳에서 기원한 새로운 종이라고 보지 않습니다. 현생 인류의 조상이 하나가 아니라는 입장입니다. 각 지역의 집단끼리, 그리고 다양한 시점의 집단끼리 계속 문화와 유전자를 교환하면서 200만 년 동안 계속돼 왔다는 관점입니다. 그동안 멸종하거나 새로 발생한 집단들은 종 아래의 분류 단위인 집단일 뿐이지, 새로운 종이 발생한 것은 아니라는 입장입니다.

종의 생물학적 정의는 유전자의 공유에 있습니다. 따라서, 집단끼리 계속 유전자를 교환하였다면 그들은 같은 종이며, 계속 시간을 거슬러 올라가면 호모 사피엔스는 200만 년 전에 발생했다는 결론이 내려집니다. 현생 인류에서 보이는 형질들은 한 곳에서 기원한 것이 아니라 곳곳에서 발생했습니다. 그 특징이 범세계적으로 적응적 우월성을 가지고 있는 경우 전 세계로 퍼진 반면, 한 지역의 국지적 적응에 우월한 특징은 그 지역에서 국한돼 지속적으로 나타나게 됐습니다. 전자의 예로서는 많은 지역을 통틀어서 나타나는 형질적 특징, 즉 형질이 전반적으로 부드러워지는 경향과 두뇌 용량의 증가가 있습니다. 후자의 예로서는 각 지역마다 나타나는 형질적 특징이 있습니다. 예를 들어, 아시아에서 높은 빈도로 나타나는 부삽 모양의 앞니는 중국에서 발견된 초기 인류 화석에서부터 나타나며, 그 빈도는 현생 아시아인에서도 높게 나타납니다. 다른 예로, 유럽의 네안데르탈인과 현생 인류 사이에 공통으로 나타나는 형질도 여럿 있으며 계측치로도 서로 비슷합니다.

다지역 연계론은 전통적으로 고인류 화석을 통해 강하게 뒷받침돼

왔습니다. 반면 완전 대체론은 1990년대에 유전자를 이용한 연구를 통해 현생 인류의 역사가 길지 않다는 사실과, 그 기원지가 아프리카라는 사실이 나오면서 점차 지지를 얻기 시작했습니다. 그 후 분자 생물학의 위상이 부상하면서 완전 대체론이 유전학자들의 지지를 많이 받았습니다. 특히 네안데르탈인 화석에서 직접 추출한 DNA를 연구해 염기 서열이 현생 인류와 많이 다르며, 따라서 네안데르탈인은 현생 인류의 유전자에 기여하지 않았다는 주장, 이들이 현생 인류의 조상이 될 수 없다는 주장이 크게 부각됐습니다. 그러나 지난 몇 년간 집단 유전학의 연구를 통해, 그리고 2010년에 이뤄진 네안데르탈인 화석의 게놈(유전체) 염기 서열 분석 연구를 통해, 네안데르탈인이 현생 인류의 유전자에 기여했다는 것이 드러났습니다. 이제 학계의 대다수는 완전 대체론과는 거리를 두는 경향을 보이고 있습니다.

다지역 연계론의 문제는 호모 사피엔스가 궁극적으로 200만 년의 역사를 가진, 아주 오래된 종이라는 결론에 도달할 수밖에 없다는 점입니다. 모든 집단이 시공간을 아우르면서 지속적으로 유전자를 교환했다면, 생물학적인 종의 정의에 따라 유전자를 교환할 수 있는 모든 집단은 하나의 종에 속하게 됩니다. 호모 에렉투스가 아프리카에서 발생한 이후 모든 집단들이 하나의 종에 속하게 된다면 호모 에렉투스와 호모 사피엔스는 결국 같은 종이 되며, 종명 부여 원칙에 따라 호모 에렉투스도 호모 사피엔스로 통합돼야 합니다. 이에 따르면 100년을 넘게 사용해 온 호모 에렉투스 명칭을 종이 아닌 집단명으로 바꿔야 하고, 호모 사피엔스를 200만 년 이상 지속돼 온 종으로 봐야 하며,

호모 하빌리스를 제외한 다른 모든 호모속 종은 호모 사피엔스가 돼야 합니다. 이는 논리적으로는 당연하지만, 관습의 힘을 무시할 수 없으므로 벽에 부딪힙니다. 사실, 다지역 연계론의 주장자인 미시간 대학교의 밀포드 월포프 교수는 1994년에 호모 에렉투스 종명을 없애자는 논문을 내고 그 이후 논문에서 모든 호모속의 집단들을 호모 사피엔스로 지칭했는데, 그에 따른 혼돈이 상당했던 것도 사실입니다. 참고로 1999년에 호모 하빌리스와 호모 루돌펜시스를 오스트랄로피테쿠스속으로 분류하자는 주장이 나온 적도 있는데, 만약 이 주장을 따른다면 호모속에는 호모 사피엔스라는 하나의 종만 남게 됩니다.

21세기에 들어서서 고인류학 연구는 새로운 장을 열었습니다. 데니소바인처럼 뚜렷한 화석 없이 DNA로만 존재하는 인류 조상도 발견되었습니다. 고DNA 추출 기법이 계속 발달하고 비용이 절감되면서 유전학은 고인류학에서 화석과 동등한, 어쩌면 더 중요한 자료가 될 전망입니다. 그에 못지않게 새로운 고인류 화석 역시 계속 발견되고 있습니다. 새로운 자료를 수집하고 분석하는 기술이 고도로 발달하고 연구가 쌓여 가면서 우리는 근원적인 질문을 새롭게 묻고 대답을 찾습니다. 인간은 어디에서 왔으며 어떻게 지금의 모습으로 있게 되었는가?

참고 문헌

머리말

단행본

윤신영, 「적성과 재능은 부딪쳐 '발굴'하는 것이다: 이상희 UC리버사이드 인류학과
교수」, 『2014 커리어패스 사례집 나의 꿈과 만나다』, 교육부 한국직업능력개발원,
2014.

Bryson, Bill, *The Lost Continent: Travels in Small-Town America*, Secker,
1989.

Steinbeck, John, *Travels with Charley: In Search of America*, Viking Press,
1962.

1장 원시인은 식인종?

단행본

Arens, William, *The Man-Eating Myth: Anthropology and Anthropophagy*,
Oxford University Press, 1979.

White, Tim D., *Prehistoric Cannibalism: At Mancos 5MTUMR-2346*,
Princeton University Press, 1992.

논문

Defleur, Alban, Tim White, Patricia Valensi, Ludovic Slimak, and Évelyne Crégut-Bonnoure, "Neanderthal cannibalism at Moula-Guercy, Ardèche, France", *Science* 286 (5437):128-131 (1999).

Gajdusek, D. Carleton, "Unconventional viruses and the origin and disappearance of kuru", *Science* 197 (4307):943-960 (1977).

Marlar, Richard A., Banks L. Leonard, Brian R. Billman, Patricia M. Lambert, and Jennifer E. Marlar, "Biochemical evidence of cannibalism at a prehistoric Puebloan site in southwestern Colorado", *Nature* 407 (6800):74-78 (2000).

Russell, Mary D., "Mortuary practices at the Krapina Neandertal site", *American Journal of Physical Anthropology* 72 (3):381-397 (1987).

White, Tim D., "Once were cannibals", *Scientific American* 265 (2):58-65 (2001).

2장 짝짓기가 낳은 '아버지'

단행본

Gray, Peter B., and Kermyt G. Anderson, *Fatherhood: Evolution and Human Paternal Behavior*, Harvard University Press, 2012.

Hager, Lori D., ed., *Women in Human Evolution*, Routledge, 1997.

Hrdy, Sarah Blaffer, *The Woman That Never Evolved*, Harvard University Press, 1999.

Lee, R. B., and I. DeVore, eds., *Man the Hunter*, Aldine, 1968.

논문

Bribiescas, Richard G., "Reproductive ecology and life history of the human male", *Yearbook of Physical Anthropology* 44:148-176 (2001).

Gray, Peter B., "Evolution and human sexuality", *American Journal of*

Physical Anthropology 152:94-118 (2013).

Lovejoy, C. Owen, "The origin of man", *Science* 211:341-350 (1981).

3장 최초의 인류는 누구?

단행본

Tattersall, Ian, *Masters of the Planet: The Search for Our Human Origins*, St. Martin's Griffin, 2013.

논문

Asfaw, Berhane, Tim D. White, C. Owen Lovejoy, Bruce Latimer, Scott Simpson, and Gen Suwa, "*Australopithecus garhi*: a new species of early hominid from Ethiopia", *Science* 284 (5414):629-635 (1999).

Brunet, Michel, Franck Guy, David R. Pilbeam, Hassane Taïsso Mackaye, Andossa Likius, Djimdoumalbaye Ahounta, Alain Beauvilain, Cécile Blondel, Hervé Bocherens, Jean-Renaud Boisserie, Louis de Bonis, Yves Coppens, Jean Dejax, Christiane Denys, Philippe Duringer, Véra Eisenmann, Gongdibé Fanone, Pierre Fronty, Denis Geraads, Thomas Lehmann, Fabrice Lihoreau, Antoine Louchart, Adoum Mahamat, Gildas Merceron, Guy Mouchelin, Olga Otero, Pablo Pelaez Campomanes, Marcia S. Ponce de León, Jean-Claude Rage, Michel Sapanet, Mathieu Schuster, Jean Sudre, Pascal Tassy, Xavier Valentin, Patrick Vignaud, Laurent Viriot, Antoine Zazzo, and Christoph P. E. Zollikofer, "A new hominid from the Upper Miocene of Chad, Central Africa", *Nature* 418 (6894):145-151 (2002).

Dart, Raymond A., "*Australopithecus africanus*: the man-ape of South Africa", *Nature* 115 (2884):195-199 (1925).

Gibbons, Ann, "In search of the first hominids", *Science* 295:1214-1219 (2002).

Johanson, Donald C., and Tim D. White, "A systematic assessment of early African hominids", *Science* 203 (4378):321-330 (1979).

Leakey, Meave G., Craig S. Feibel, Ian McDougall, Carol Ward, and Alan Walker, "New specimens and confirmation of an early age for *Australopithecus anamensis*", *Nature* 393 (6680):62-66 (1998).

Leakey, Meave G., and Alan C. Walker, "Early hominid fossils from Africa", *Scientific American* 276(6):74-79 (1997).

Sarich, Vincent M., and Allan C. Wilson, "Immunological time scale for hominid evolution", *Science* 158 (3805):1200-1203 (1967).

Senut, Brigitte, Martin H. L. Pickford, Dominique Gommery, P. Mein, K. Cheboi, and Yves Coppens, "First hominid from the Miocene (Lukeino formation, Kenya)", *Comptes Rendus de l'Acad?mie des Sciences Paris* 332 (2):137-144 (2001).

White, Tim D., Berhane Asfaw, Yonas Beyene, Yohannes Haile-Selassie, C. Owen Lovejoy, Gen Suwa, and Giday WoldeGabriel, "*Ardipithecus ramidus* and the paleobiology of early hominids", *Science* 326 (5949):64, 75-86 (2009).

Wong, Kate, "An ancestor to call our own", *Scientific American* 288 (January 2003):54-63 (2003).

4장 머리 큰 아기, 엄마는 괴로워

단행본

Trevathan, Wenda R., *Human Birth: An Evolutionary Perspective*, Aldine, 1987.

논문

Gibbons, Ann, "The birth of childhood", *Science* 322 (5904):1040-1043 (2008).

Ponce de León, Marcia S., Lubov Golovanova, Vladimir Doronichev, Galina Romanova, Takeru Akazawa, Osamu Kondo, Hajime Ishida, and Christoph

P. E. Zollikofer, "Neanderthal brain size at birth provides insights into the evolution of human life history", *Proceedings of the National Academy of Sciences* 105 (37):13764-13768 (2008).

Rosenberg, Karen R., and Wenda R. Trevathan, "Bipedalism and human birth: the obstetrical dilemma revisited", *Evolutionary Anthropology* 4 (5):161-168 (1996).

Rosenberg, Karen R., and Wenda R. Trevathan, "The evolution of human birth", *Scientific American* 285 (5 (November 2001)):76-81 (2001).

Simpson, Scott W., Jay Quade, Naomi E. Levin, Robert Butler, Guillaume Dupont-Nivet, Melanie Everett, and Sileshi Semaw, "A female Homo erectus pelvis from Gona, Ethiopia", *Science* 322 (5904):1089-1092 (2008).

5장 아이러브고기

단행본

Lee, R. B., and I. DeVore, eds., *Man the Hunter*, Aldine, 1968.

Stanford, Craig B., *The Hunting Apes: Meat Eating and the Origins of Human Behavior*, Princeton University Press, 1999.

논문

Speth, John D., "Thoughts about hunting: Some things we know and some things we don't know", *Quaternary International* 297:176?185 (2013).

Finch, Caleb E., and Craig B. Stanford, "Meat-adaptive genes and the evolution of slower aging in humans", *Quarterly Review of Biology* 79 (1):2-50 (2004).

Walker, Alan, M.R. Zimmerman, and R.E.F. Leakey, "A possible case of hypervitaminosis A in Homo erectus", *Nature* 296 (5854):248-250 (1982).

6장 우유 마시는 사람은 '어른 아이'

단행본

Wiley, Andrea S., *Re-imagining Milk: Cultural and Biological Perspectives*, Routledge, 2010.

논문

Beja-Pereira, Albano, Gordon Luikart, Phillip R. England, Daniel G. Bradley, Oliver C. Jann, Giorgio Bertorelle, Andrew T. Chamberlain, Telmo P. Nunes, Stoitcho Metodiev, Nuno Ferrand, and Georg Erhardt, "Gene-culture coevolution between cattle milk protein genes and human lactase genes", *Nature Genetics* 35 (4):311-313 (2003).

Burger, J., M. Kirchner, B. Bramanti, W. Haak, and M. G. Thomas, "Absence of the lactase-persistence-associated allele in early Neolithic Europeans", *Proceedings of the National Academy of Sciences of the United States of America* 104 (10):3736-3741 (2007).

Enattah, Nabil Sabri, Tine G. K. Jensen, Mette Nielsen, Rikke Lewinski, Mikko Kuokkanen, Heli Rasinpera, Hatem El-Shanti, Jeong Kee Seo, Michael Alifrangis, Insaf F. Khalil, Abdrazak Natah, Ahmed Ali, Sirajedin Natah, David Comas, S. Qasim Mehdi, Leif Groop, Else Marie Vestergaard, Faiqa Imtiaz, Mohamed S. Rashed, Brian Meyer, Jesper Troelsen, and Leena Peltonen, "Independent Introduction of Two Lactase-Persistence Alleles into Human Populations Reflects Different History of Adaptation to Milk Culture", *The American Journal of Human Genetics* 82 (1):57-72 (2008).

Tishkoff, Sarah A., Floyd A. Reed, Alessia Ranciaro, Benjamin F. Voight, Courtney C. Babbitt, Jesse S. Silverman, Kweli Powell, Holly M. Mortensen, Jibril B. Hirbo, Maha Osman, Muntaser Ibrahim, Sabah A. Omar, Godfrey Lema, Thomas B. Nyambo, Jilur Ghori, Suzannah Bumpstead, Jonathan K. Pritchard, Gregory A. Wray, and Panos Deloukas, "Convergent adaptation of human lactase persistence in Africa and Europe", *Nature Genetics* 39

(1):31-40 (2007).

Wiley, Andrea S., "'Drink milk for fitness': the cultural politics of human biological variation and milk consumption in the United States", *American Anthropologist* 106 (3):506-517 (2004).

7장 백설공주의 유전자를 찾을 수 있을까?

단행본

Jablonski, Nina G., *Skin: A Natural History*, University of California Press, 2006.

논문

Jablonski, Nina G., and George Chaplin, "Skin deep", *Scientific American* 287 (4 (October 2002)):74-81 (2006).

Myles, Sean, Mehmet Somel, Kun Tang, Janet Kelso, and Mark Stoneking, "Identifying genes underlying skin pigmentation differences among human populations", *Human Genetics* 120 (5):613-621 (2006).

Rana, Brinda K., David Hewett-Emmett, Li Jin, Benny H.-J. Chang, Naymkhishing Sambuughin, Marie Lin, Scott Watkins, Michael J. Bamshad, Lynn B. Jorde, Michele Ramsay, Trefor Jenkins, and Wen-Hsiung Li, "High polymorphism at the human melanocortin I receptor locus", *Genetics* 151 (4):1547-1557 (1999).

Wilde, Sandra, Adrian Timpson, Karola Kirsanow, Elke Kaiser, Manfred Kayser, Martina Unterländer, Nina Hollfelder, Inna D. Potekhina, Wolfram Schier, Mark G. Thomas, and Joachim Burger, "Direct evidence for positive selection of skin, hair, and eye pigmentation in Europeans during the last 5,000 y", *Proceedings of the National Academy of Sciences* 111 (13):4832-4837 (2014).

8장 할머니는 아티스트

단행본

Hawkes, Kristen, and Richard R. Paine, eds., *The Evolution of Human Life History*, School of American Research Press, 2006.

Lee, Sang-Hee, "Human longevity and world population", *21st Century Anthropology: A Reference Handbook*, edited by H. J. Birx, Sage, 2010.

논문

Caspari, Rachel, "The evolution of grandparents", *Scientific American* (August 2011):44-49 (2011).

Caspari, Rachel E., and Sang-Hee Lee, "Older age becomes common late in human evolution", *Proceedings of the National Academy of Sciences of the United States of America* 101 (30):10895-10900 (2004).

Caspari, Rachel E., and Sang-Hee Lee, "Is human longevity a consequence of cultural change or modern biology?", *American Journal of Physical Anthropology* 129 (4):512-517 (2006).

Hawkes, Kristen, James F. O'Connell, Nicholas G. Blurton Jones, Helen Perich Alvarez, and Eric L. Charnov, "Grandmothering, menopause, and the evolution of human life histories", *Proceedings of the National Academy of Sciences of the United States of America* 95 (3):1336-1339 (1998).

Hawkes, Kristen, "Grandmothers and the evolution of human longevity", *American Journal of Human Biology* 15:380-400 (2003).

Kaplan, Hillard S., and A. J. Robson, "The emergence of humans: the coevolution of intelligence and longevity with intergenerational transfers", *Proceedings of the National Academy of Sciences of the United States of America* 99 (15):10221-10226 (2002).

Lee, Ronald D., "Rethinking the evolutionary theory of aging: Transfers, not births, shape senescence in social species", *Proceedings of the National Academy of Sciences of the United States of America* 100 (16):9637-9642

(2003).

9장 농사는 인류를 부자로 만들었을까?

단행본

Cohen, Mark Nathan, and George J. Armelagos, eds., *Paleopathology at the Origins of Agriculture*, Academic Press, 1984.

Diamond, Jared, *Guns, Germs, and Steel*, W. W. Norton, 1997.

Armelagos, George J., "Health and disease in prehistoric populations in transition", *Disease in Populations in Transition: Anthropological and Epidemiological Perspectives*, edited by A. C. Swedlund and George J. Armelagos, New York: Begin and Garvey, 1990.

논문

Armelagos, George J., Alan H. Goodman, and Kenneth H. Jacobs, "The origins of agriculture: Population growth during a period of declining health", *Population & Environment* 13 (1):9-22 (1991).

Bellwood, Peter S, "Early agriculturalist diasporas? Farming, languages, and genes", *Annual Review of Anthropology* 30:181-207 (2001).

Bocquet-Appel, Jean-Pierre, and Stephan Naji, "Testing the Hypothesis of a Worldwide Neolithic Demographic Transition: Corroboration from American Cemeteries", *Current Anthropology* 47 (2):341-365 (2006).

Larsen, Clark Spencer, "Biological changes in human populations with agriculture", *Annual Review of Anthropology* 24: 185-213 (1995).

Marlowe, Frank, "Hunter-gatherers and human evolution", *Evolutionary Anthropology* 14 (2):54-67 (2005).

10장 베이징인과 야쿠자의 추억

단행본

Boaz, Noel T, and Russell L Ciochon, *Dragon Bone Hill: An Ice-Age Saga of Homo erectus*, Oxford University Press, 2004.

Rightmire, G. Philip, *The Evolution of Homo erectus: Comparative Anatomical Studies of an Extinct Human Species*, Cambridge University Press, 1990.

논문

Antón, Susan C., "Natural history of *Homo erectus*", *American Journal of Physical Anthropology, Supplement: Yearbook of Physical Anthropology* 122 (S37):126-170 (2003).

Berger, Lee R., Wu Liu, and Xiujie Wu, "Investigation of a credible report by a US Marine on the location of the missing Peking Man fossils", *South African Journal of Science* no. 108:3-5 (2012).

Shen, Guanjun, Xing Gao, Bin Gao, and Darryl E. Granger, "Age of Zhoukoudian *Homo erectus* determined with 26Al/10Be burial dating", *Nature* 458 (7235):198-200 (2009).

Weidenreich, Franz, "The dentition of *Sinanthropus pekinensis*: a comparative odontography of the hominids", *Palaeontologia Sinica*, New Series D 1 (Whole Series 101):1-180 (1937).

Weidenreich, Franz, "The skull of Sinanthropus pekinensis: A comparative study of a primitive hominid skull", *Palaeontologia Sinica*, New Series D 10 (Whole Series 127) (1943).

Wu, Xiujie, Lynne A. Schepartz, and Christopher J. Norton, "Morphological and morphometric analysis of variation in the Zhoukoudian *Homo erectus* brain endocasts", *Quaternary International* 211 (1-2):4-13 (2010).

11장 아프리카의 아성에 도전하는 아시아의 인류

단행본

Shipman, Pat, *The Man Who Found the Missing Link: Eugene Dubois and His Lifelong Quest to Prove Darwin Right*, Harvard University Press, 2001.

Spencer, Frank, *Piltdown: A Scientific Forgery*, Oxford University Press, 1990.

Swisher, Carl C., III, Garniss H. Curtis, and Roger Lewin, *Java Man: How Two Geologists' Dramatic Discoveries Changed Our Understanding of the Evolutionary Path to Modern Humans*, Scribner, 2000.

논문

Dart, Raymond A., "*Australopithecus africanus*: the man-ape of South Africa", *Nature* 115 (2884):195-199 (1925).

Dennell, Robin W., "Human migration and occupation of Eurasia", *Episodes* 31 (2):207-210 (2008).

Gabunia, Leo, Abesalom Vekua, David Lordkipanidze, Carl C. Swisher, III, Reid Ferring, Antje Justus, Medea Nioradze, Merab Tvalchrelidze, Susan C. Anón, Gerhard Bosinski, Olaf Jöris, Marie-Antoinette de Lumley, Givi Majsuradze, and Aleksander Mouskhelishvili, "Earliest Pleistocene hominid cranial remains from Dmanisi, Republic of Georgia: Taxonomy, geological setting, and age", *Science* 288 (5468):1019-1025 (2000).

Kaifu, Yousuke, and Masaki Fujita, "Fossil record of early modern humans in East Asia", *Quaternary International* 248:2-11 (2012).

Lordkipanidze, David, Marcia S. Ponce de León, Ann Margvelashvili, Yoel Rak, G. Philip Rightmire, Abesalom Vekua, and Christoph P. E. Zollikofer, "A complete skull from Dmanisi, Georgia, and the evolutionary biology of early *Homo*", *Science* 342 (6156):326-331 (2013).

Wong, Kate, "Stranger in a new land", *Scientific American* 289 (5):74-83 (2003).

12장 '너'와 '나'를 잇는 끈, 협력

단행본

Axelrod, Robert, *The Evolution of Cooperation*, Basic Books, 1984.

Solecki, Ralph S., *Shanidar: The First Flower People*, Alfred A. Knopf, 1971.

Wilson, Edward O., *Sociobiology: The New Synthesis*, Belknap Press, 1975.

Wilson, Edward O., *On Human Nature*, Harvard University Press, 1978.

논문

Hamilton, W. D., "The evolution of altruistic behavior", *American Naturalist* 97 (896):354-356 (1963).

Lee, Ronald D., "Rethinking the evolutionary theory of aging: Transfers, not births, shape senescence in social species", *Proceedings of the National Academy of Sciences of the United States of America* 100 (16):9637-9642 (2003).

Lordkipanidze, David, Abesalom Vekua, Reid Ferring, G. Philip Rightmire, Jordi Agusti, Gocha Kiladze, Aleksander Mouskhelishvili, Medea Nioradze, Marcia Silvia Ponce De León, Martha Tappen, and Christoph Peter Eduard Zollikofer, "The earliest toothless hominin skull", *Nature* 434:717-718 (2005).

Nowak, Martin A., and Karl Sigmund, "Evolution of indirect reciprocity", *Nature* 437 (7063):1291-1298 (2005).

13장 '킹콩'이 살아있다면

단행본

Ciochon, Russell L., John W. Olsen, and Jamie James, *Other Origins: The Search for the Giant Ape in Human Prehistory*, Bantam Books, 1990.

Weidenreich, Franz, *Apes, Giants, and Man*, University of Chicago Press,

1946.

논문

Lee, Sang-Hee, Jessica W. Cade, and Yinyun Zhang, "Patterns of sexual dimorphism in Gigantopithecus blacki dentition", *American Journal of Physical Anthropology* 144 (Supplement 52):197 (2011).

Pei, Wen-Chung, "Giant ape's jaw bone discovered in China", *American Anthropologist* 59 (5):834-838 (1957).

Simons, Elwyn L., and Peter C. Ettel, "Gigantopithecus", *Scientific American* 222:76-85 (1970).

Von Koenigswald, G. H. R., "*Gigantopithecus blacki* von Koenigswald, a giant fossil hominoid from the Pleistocene of Southern China", *Anthropological Papers of the American Museum of Natural History* 43 (4):295-325 (1952).

Woo, J. K., "The mandibles and dentition of *Gigantopithecus*", *Palaeontologia Sinica* 146 (11):1-94 (1962).

Zhang, Yinyun, "Variability and evolutionary trends in tooth size of Gigantopithecus blacki", *American Journal of Physical Anthropology* 59 (1):21-32 (1982).

Zhao, L. X., and L. Z. Zhang, "New fossil evidence and diet analysis of *Gigantopithecus blacki* and its distribution and extinction in South China", *Quaternary International* 286:69-74 (2013).

14장 문명 업은 인류, 등골이 휘었다?

단행본

Anderson, Robert, "Human evolution, low back pain, and dual-level control", *Evolutionary Medicine*, edited by Wenda R. Trevathan, E. O. Smith and James J. McKenna, Oxford University Press, 1999.

Johanson, Donald C., and Maitland A. Edey, *Lucy: Beginnings of Humankind,*

Simon & Schuster, 1981.

논문

Leakey, Mary D., "Tracks and tools", *Philosophical Transactions of the Royal Society of London Series B, Biological Sciences* 292 (1057):95-102 (1981).

Lovejoy, C. Owen, "Evolution of human walking", *Scientific American* 259 (5):118-125 (1988).

Rosenberg, Karen R., and Wenda R. Trevathan, "Bipedalism and human birth: the obstetrical dilemma revisited", *Evolutionary Anthropology* 4 (5):161-168 (1996).

15장 가장 '사람다운' 얼굴 찾아 반세기

단행본

Bowman-Kruhm, Mary, *The Leakeys: A Biography*, Prometheus Books, 2009.

Morell, Virginia, *Ancestral Passions: The Leakey Family and the Quest for Humankind's Beginnings*, Touchstone, 1996.

논문

Antón, Susan C., Richard Potts, and Leslie C. Aiello, "Evolution of early Homo: An integrated biological perspective", *Science* 345 (6192) (2014).

Leakey, Louis S. B., "A new fossil skull from Olduvai", *Nature* 184 (4685):491-493 (1959).

Leakey, Louis S. B., Phillip V. Tobias, and J. R. Napier, "A new species of the genus *Homo* from Olduvai Gorge", *Nature* 202 (4927):7-9 (1964).

Leakey, Meave G., Fred Spoor, M. Christopher Dean, Craig S. Feibel, Susan C. Antón, Christopher Kiarie, and Louise N. Leakey, "New fossils from Koobi Fora in northern Kenya confirm taxonomic diversity in early *Homo*", *Nature* 488 (7410):201-204 (2012).

Leakey, Richard E. F., "Evidence for an Advanced Plio-Pleistocene Hominid from East Rudolf, Kenya", *Nature* 242 (5398):447-450 (1973).

Wood, Bernard A., and Mark Collard, "The human genus", *Science* 284 (5411):65-71 (1999).

16장 '머리가 굳는다'는 새빨간 거짓말!

단행본

Lieberman, Daniel E., *The Evolution of the Human Head*, Belknap Press, 2011.

논문

Aiello, Leslie C., and Robin I. M. Dunbar, "Neocortex size, group size, and the evolution of language", *Current Anthropology* 34 (2):184-193 (1993).

Aiello, Leslie C., and Peter E. Wheeler, "The expensive-tissue hypothesis: the brain and the digestive system in human and primate evolution", *Current Anthropology* 36 (2):199-221 (1995).

Dunbar, Robin I. M., "Evolution of the social brain", *Science* 302 (5648):1160-1161 (2003).

Kaplan, Hillard S., and A. J. Robson, "The emergence of humans: the coevolution of intelligence and longevity with intergenerational transfers", *Proceedings of the National Academy of Sciences of the United States of America* 99 (15):10221-10226 (2002).

Lee, Sang-Hee, and Milford H. Wolpoff, "The pattern of Pleistocene human brain size evolution", *Paleobiology* 29 (2):185-195 (2003).

17장 너는 네안데르탈인이야!

단행본

Finlayson, Clive, *Humans Who Went Extinct: Why Neanderthals Died Out and We Survived*, Oxford University Press, 2009.

Pääbo, Svante, *Neanderthal Man: In Search of Lost Genomes*, Basic Books, 2014.

Stringer, Christopher, and Clive Gamble, *In Search of the Neanderthals: Solving the Puzzle of Human Origins*, Thames & Hudson, 1994.

Stringer, Christopher B., "Documenting the origin of modern humans", *The Emergence of Modern Humans*, edited by Erik Trinkaus, Cambridge University Press, 1989.

Wolpoff, Milford H., "The place of the Neandertals in human evolution", *The Emergence of Modern Humans*, edited by Erik Trinkaus, Cambridge University Press, 1989.

논문

Boule, M., "L'homme fossile de La Chapelle-aux-Saints", *Annales de Pal?ontologie* 6:11-172 (1911-13).

D'Errico, Francesco, João Zilhão, Michele Julien, Dominique Baffier, and Jacques Pelegrin, "Neanderthal acculturation in Western Europe? A critical review of the evidence and its interpretation", *Current Anthropology* 39:s1-s44 (1998).

Frayer, David W., Ivana Fiore, Carles Lalueza-Fox, Jakov Radovčić, and Luca Bondioli, "Right handed Neandertals: Vindija and beyond", *Journal of Anthropological Sciences* 88:113-127 (2010).

Green, Richard E., Johannes Krause, Adrian W. Briggs, Tomislav Maricic, Udo Stenzel, Martin Kircher, Nick Patterson, Heng Li, Weiwei Zhai, Markus Hsi-Yang Fritz, Nancy F. Hansen, Eric Y. Durand, Anna-Sapfo Malaspinas, Jeffrey D. Jensen, Tomas Marques-Bonet, Can Alkan, Kay Prufer, Matthias

Meyer, Hernan A. Burbano, Jeffrey M. Good, Rigo Schultz, Ayinuer Aximu-Petri, Anne Butthof, Barbara Hober, Barbara Hoffner, Madlen Siegemund, Antje Weihmann, Chad Nusbaum, Eric S. Lander, Carsten Russ, Nathaniel Novod, Jason Affourtit, Michael Egholm, Christine Verna, Pavao Rudan, Dejana Brajkovic, Zeljko Kucan, Ivan Gusic, Vladimir B. Doronichev, Liubov V. Golovanova, Carles Lalueza-Fox, Marco de la Rasilla, Javier Fortea, Antonio Rosas, Ralf W. Schmitz, Philip L. F. Johnson, Evan E. Eichler, Daniel Falush, Ewan Birney, James C. Mullikin, Montgomery Slatkin, Rasmus Nielsen, Janet Kelso, Michael Lachmann, David Reich, and Svante Pääbo, "A draft sequence of the Neandertal genome", *Science* 328 (5979):710-722 (2010).

Green, Richard E., Johannes Krause, Susan E. Ptak, Adrian W. Briggs, Michael T. Ronan, Jan F. Simons, Lei Du, Michael Egholm, Jonathan M. Rothberg, Maja Paunovic, and Svante Pääbo, "Analysis of one million base pairs of Neanderthal DNA", *Nature* 444 (7117):330-336 (2006).

Krings, Matthias, Helga Geisert, Ralf W. Schmitz, Heike Krainitzki, and Svante Pääbo, "DNA sequence of the mitochondrial hypervariable region II from the Neandertal type specimen", *Proceedings of the National Academy of Sciences USA* 96 (10):5581-5585 (1999).

Noonan, James P., "Neanderthal genomics and the evolution of modern humans", *Genome Research* 20 (5):547-553 (2010).

Thorne, Alan G., and Milford H. Wolpoff, "The multiregional evolution of humans", *Scientific American* 266 (4):76-83 (1992).

18장 미토콘드리아 시계가 흔들리다

단행본

Crow, James F., and Motoo Kimura, *An Introduction to Population Genetics Theory*, Harper and Row, 1970.

Marks, Jonathan, *What It Means to Be 98% Chimpanzee: Apes, People, and Their Genes*, University of California Press, 2002.

논문

Cann, Rebecca L., Mark Stoneking, and Alan C. Wilson, "Mitochondrial DNA and human evolution", *Nature* 325 (6099):31-36 (1987).

Green, Richard E., Johannes Krause, Adrian W. Briggs, Tomislav Maricic, Udo Stenzel, Martin Kircher, Nick Patterson, Heng Li, Weiwei Zhai, Markus Hsi-Yang Fritz, Nancy F. Hansen, Eric Y. Durand, Anna-Sapfo Malaspinas, Jeffrey D. Jensen, Tomas Marques-Bonet, Can Alkan, Kay Prufer, Matthias Meyer, Hernan A. Burbano, Jeffrey M. Good, Rigo Schultz, Ayinuer Aximu-Petri, Anne Butthof, Barbara Hober, Barbara Hoffner, Madlen Siegemund, Antje Weihmann, Chad Nusbaum, Eric S. Lander, Carsten Russ, Nathaniel Novod, Jason Affourtit, Michael Egholm, Christine Verna, Pavao Rudan, Dejana Brajkovic, Zeljko Kucan, Ivan Gusic, Vladimir B. Doronichev, Liubov V. Golovanova, Carles Lalueza-Fox, Marco de la Rasilla, Javier Fortea, Antonio Rosas, Ralf W. Schmitz, Philip L. F. Johnson, Evan E. Eichler, Daniel Falush, Ewan Birney, James C. Mullikin, Montgomery Slatkin, Rasmus Nielsen, Janet Kelso, Michael Lachmann, David Reich, and Svante Pääbo, "A draft sequence of the Neandertal genome", *Science* 328 (5979):710-722 (2010).

Kimura, Motoo, "Possibility of extensive neutral evolution under stabilizing selection with special reference to nonrandom usage of synonymous codons", *Proceedings of the National academy of Sciences USA* 78:5773-5777 (1981).

Krings, Matthias, Helga Geisert, Ralf W. Schmitz, Heike Krainitzki, and Svante Pääbo, "DNA sequence of the mitochondrial hypervariable region II from the Neandertal type specimen", *Proceedings of the National Academy of Sciences USA* 96 (10):5581-5585 (1999).

Li, Wen-Hsiung, and L.A. Sadler, "Low nucleotide diversity in man", *Genetics*

129 (2):513-523 (1991).

Wilson, Alan C., and Rebecca L. Cann, "The recent African genesis of humans", *Scientific American* 266 (4):68-73 (1992).

19장 아시아인 뿌리 밝힐 제3의 인류 데니소바인

단행본

Harris, Eugene E., *Ancestors in Our Genome: The New Science of Human Evolution*, Oxford University Press, 2014.

논문

Hawks, John, "Significance of Neandertal and Denisovan genomes in human evolution", *Annual Review of Anthropology* 42 (1):433-449 (2013).

Huerta-Sanchez, Emilia, Xin Jin, Asan, Zhuoma Bianba, Benjamin M. Peter, Nicolas Vinckenbosch, Yu Liang, Xin Yi, Mingze He, Mehmet Somel, Peixiang Ni, Bo Wang, Xiaohua Ou, Huasang, Jiangbai Luosang, Zha Xi Ping Cuo, Kui Li, Guoyi Gao, Ye Yin, Wei Wang, Xiuqing Zhang, Xun Xu, Huanming Yang, Yingrui Li, Jian Wang, Jun Wang, and Rasmus Nielsen, "Altitude adaptation in Tibetans caused by introgression of Denisovan-like DNA", *Nature* 512 (7513):194-197 (2014).

Krause, Johannes, Qiaomei Fu, Jeffrey M. Good, Bence Viola, Michael V. Shunkov, Anatoli P. Derevianko, and Svante Pääbo, "The complete mitochondrial DNA genome of an unknown hominin from southern Siberia", *Nature* 464 (7290):894-897 (2010).

Meyer, Matthias, Qiaomei Fu, Ayinuer Aximu-Petri, Isabelle Glocke, Birgit Nickel, Juan-Luis Arsuaga, Ignacio Martinez, Ana Gracia, Jose Maria Bermudez de Castro, Eudald Carbonell, and Svante Pääbo, "A mitochondrial genome sequence of a hominin from Sima de los Huesos", *Nature* 505 (7483):403-406 (2014).

Meyer, Matthias, Martin Kircher, Marie-Theres Gansauge, Heng Li, Fernando Racimo, Swapan Mallick, Joshua G. Schraiber, Flora Jay, Kay Prüfer, Cesare de Filippo, Peter H. Sudmant, Can Alkan, Qiaomei Fu, Ron Do, Nadin Rohland, Arti Tandon, Michael Siebauer, Richard E. Green, Katarzyna Bryc, Adrian W. Briggs, Udo Stenzel, Jesse Dabney, Jay Shendure, Jacob Kitzman, Michael F. Hammer, Michael V. Shunkov, Anatoli P. Derevianko, Nick Patterson, Aida M. Andrés, Evan E. Eichler, Montgomery Slatkin, David Reich, Janet Kelso, and Svante Pääbo, "A high-coverage genome sequence from an archaic Denisovan individual", *Science* 338 (6104):222-226 (2012).

20장 난쟁이 인류, '호빗'을 찾아서

단행본

Morwood, Mike, and Penny Van Oosterzee, *A New Human: The Startling Discovery and Strange Story of the 'Hobbits' of Flores, Indonesia*, Smithsonian, 2007.

논문

Falk, Dean, Charles Hildebolt, Kirk Smith, M. J. Morwood, Thomas Sutikna, Peter J. Brown, Jatmiko, E. Wayhu Saptomo, Barry Brunsden, and Fred Prior, "The brain of LB1, Homo floresiensis", *Science* 308 (5719):242-245 (2005).

Hayes, Susan, Thomas Sutikna, and Mike Morwood, "Faces of *Homo floresiensis* (LB1)", *Journal of Archaeological Science* 40 (12):4400-4410 (2013).

Martin, Robert D., Ann M. MacLarnon, James L. Phillips, and William B. Dobyns, "Flores hominid: new species or microcephalic dwarf?" *The Anatomical Record* 288A (11):1123-1145 (2006).

Morwood, M. J., R. P. Soejono, R. G. Roberts, T. Sutikna, C. S. M. Turney, K. E.

Westaway, W. J. Rink, J.-X. Zhao, G. D. van der Bergh, Rokus Awe Due, D. R. Hobbs, M. W. Moore, M. I. Bird, and L. K. Fifield, "Archaeology and age of a new hominin from Flores in eastern Indonesia", *Nature* 431 (7012):1087-1091 (2004).

Wong, Kate, "The littlest human", *Scientific American* (February 2005):56-65 (2005).

21장 70억 인류는 정말 한 가족일까?

단행본

Day, Michael H., and Christopher B. Stringer, "A reconsideration of the Omo Kibish remains and the erectus-sapiens transition", *L'Homo erectus et la Place de L'Homme de Tuatavel Parmi les Hominidés Fossiles*, edited by Marie-Antoinette De Lumley, Centre National de la Recherche Scientifique, 1982.

Gould, Stephen J., *The Mismeasure of Man*, W. W. Norton, 1981.

Wolpoff, Milford H., and Rachel E. Caspari, *Race and Human Evolution: A Fatal Attraction*, Simon & Schuster, 1997.

논문

Caspari, Rachel E., "From types to populations: a century of race, physical anthropology, and the American Anthropological Association", *American Anthropologist* 105 (1):65-76 (2003).

Coon, Carlton S., "New findings on the origin of races", *Harper's Magazine* 225 (1351):65-74 (1962).

Livingstone, Frank B., "On the non-existence of human races", *Current Anthropology* 3 (3):279 (1962).

Wolpoff, Milford H., "Describing anatomically modern *Homo sapiens*: a distinction without a definable difference", *Anthropos* (*Brno*) 23:41-53

(1986).

22장 인류는 지금도 진화하고 있다

단행본

Cochran, Gregory M., and Henry Harpending, *The 10,000 Year Explosion: How Civilization Accelerated Human Evolution*, Basic Books, 2009.

White, Leslie A., *The Evolution of Culture: The Development of Civilization to the Fall of Rome*, McGraw-Hill, 1959.

논문

Frayer, David W., "Metric dental change in the European upper paleolithic and mesolithic", *American Journal of Physical Anthropology* 46 (1):109-120 (1977).

Hawks, John, Eric T. Wang, Gregory M. Cochran, Henry C. Harpending, and Robert K. Moyzis, "Recent acceleration of human adaptive evolution", *Proceedings of the National Academy of Sciences of the United States of America* 104 (52):20753-20758 (2007).

Huerta-Sanchez, Emilia, Xin Jin, Asan, Zhuoma Bianba, Benjamin M. Peter, Nicolas Vinckenbosch, Yu Liang, Xin Yi, Mingze He, Mehmet Somel, Peixiang Ni, Bo Wang, Xiaohua Ou, Huasang, Jiangbai Luosang, Zha Xi Ping Cuo, Kui Li, Guoyi Gao, Ye Yin, Wei Wang, Xiuqing Zhang, Xun Xu, Huanming Yang, Yingrui Li, Jian Wang, Jun Wang, and Rasmus Nielsen, "Altitude adaptation in Tibetans caused by introgression of Denisovan-like DNA", *Nature* 512 (7513):194-197 (2014).

Yi, Xin, Yu Liang, Emilia Huerta-Sanchez, Xin Jin, Zha Xi Ping Cuo, John E. Pool, Xun Xu, Hui Jiang, Nicolas Vinckenbosch, Thorfinn Sand Korneliussen, Hancheng Zheng, Tao Liu, Weiming He, Kui Li, Ruibang Luo, Xifang Nie, Honglong Wu, Meiru Zhao, Hongzhi Cao, Jing Zou, Ying Shan,

Shuzheng Li, Qi Yang, Asan, Peixiang Ni, Geng Tian, Junming Xu, Xiao Liu, Tao Jiang, Renhua Wu, Guangyu Zhou, Meifang Tang, Junjie Qin, Tong Wang, Shuijian Feng, Guohong Li, Huasang, Jiangbai Luosang, Wei Wang, Fang Chen, Yading Wang, Xiaoguang Zheng, Zhuo Li, Zhuoma Bianba, Ge Yang, Xinping Wang, Shuhui Tang, Guoyi Gao, Yong Chen, Zhen Luo, Lamu Gusang, Zheng Cao, Qinghui Zhang, Weihan Ouyang, Xiaoli Ren, Huiqing Liang, Huisong Zheng, Yebo Huang, Jingxiang Li, Lars Bolund, Karsten Kristiansen, Yingrui Li, Yong Zhang, Xiuqing Zhang, Ruiqiang Li, Songgang Li, Huanming Yang, Rasmus Nielsen, Jun Wang, and Jian Wang, "Sequencing of 50 human exomes reveals adaptation to high altitude", *Science* 329 (5987):75–78 (2010).

맺음말ㅣ

단행본
윤신영, 『사라져 가는 것들의 안부를 묻다』, MID, 2014.

부록ㅣ 진화에 대하여 궁금했던 몇 가지

단행본
Crow, James F., and Motoo Kimura, *An Introduction to Population Genetics Theory*, Harper and Row, 1970.

Darwin, Charles, *Origin of Species*, John Murray, 1859.

Darwin, Charles, *The Descent of Man, and Selection in Relation to Sex*, John Murray, 1871.

Jablonka, Eva, and Marion J. Lamb, *Evolution in Four Dimensions: Genetic, Epigenetic, Behavioral, and Symbolic Variation in the History of Life*, MIT Press, 2006.

논문

Gould, Stephen Jay, and Niles Eldredge, "Punctuated equilibria: the tempo and mode of evolution reconsidered", *Paleobiology* 3 (2):115-151 (1977).

부록 II 인류 진화의 계보

단행본

Cela-Conde, Camilo J., and Francisco J. Ayala, *Human Evolution: Trails from the Past*, Oxford University Press, 2007.

Johanson, Donald C, and Blake Edgar, *From Lucy to Language*, Simon & Schuster, 1996.

Wolpoff, Milford H., *Paleoanthropology*, McGraw-Hill, 1999.

Wolpoff, Milford H., Alan G. Thorne, Jan Jelínek, and Yinyun Zhang, "The case for sinking *Homo erectus*: 100 years of Pithecanthropus is enough!", *100 years of Pithecanthropus: The Homo erectus problem*, edited by J. L. Franzen, Frankfurt, 1994.

논문

이상희, 「고인류학 연구의 최근 동향을 중심으로 본 인류의 진화」, 한국고고학보 64:122-171 (2007).

Green, Richard E., Johannes Krause, Adrian W. Briggs, Tomislav Maricic, Udo Stenzel, Martin Kircher, Nick Patterson, Heng Li, Weiwei Zhai, Markus Hsi-Yang Fritz, Nancy F. Hansen, Eric Y. Durand, Anna-Sapfo Malaspinas, Jeffrey D. Jensen, Tomas Marques-Bonet, Can Alkan, Kay Prufer, Matthias Meyer, Hernan A. Burbano, Jeffrey M. Good, Rigo Schultz, Ayinuer Aximu-Petri, Anne Butthof, Barbara Hober, Barbara Hoffner, Madlen Siegemund, Antje Weihmann, Chad Nusbaum, Eric S. Lander, Carsten Russ, Nathaniel Novod, Jason Affourtit, Michael Egholm, Christine Verna, Pavao Rudan, Dejana Brajkovic, Zeljko Kucan, Ivan Gusic, Vladimir B. Doronichev,

Liubov V. Golovanova, Carles Lalueza-Fox, Marco de la Rasilla, Javier Fortea, Antonio Rosas, Ralf W. Schmitz, Philip L. F. Johnson, Evan E. Eichler, Daniel Falush, Ewan Birney, James C. Mullikin, Montgomery Slatkin, Rasmus Nielsen, Janet Kelso, Michael Lachmann, David Reich, and Svante Pääbo, "A draft sequence of the Neandertal genome", Science 328 (5979):710-722 (2010).

Reich, David, Richard E Green, Martin Kircher, Johannes Krause, Nick Patterson, Eric Y Durand, Bence Viola, Adrian W Briggs, Udo Stenzel, Philip L F Johnson, Tomislav Maricic, Jeffrey M Good, Tomas Marques-Bonet, Can Alkan, Qiaomei Fu, Swapan Mallick, Heng Li, Matthias Meyer, Evan E Eichler, Mark Stoneking, Michael Richards, Sahra Talamo, Michael V Shunkov, Anatoli P Derevianko, Jean-Jacques Hublin, Janet Kelso, Montgomery Slatkin, and Svante Pääbo, "Genetic history of an archaic hominin group from Denisova Cave in Siberia", Nature 468:1053-60 (2010).

Wolpoff, Milford H., John D. Hawks, David W. Frayer, and Keith Hunley, "Modern human ancestry at the peripheries: a test of the replacement theory", Science 291 (5502):293-297 (2001).

Wood, Bernard A., and Mark Collard, "The human genus", Science 284 (5411):65-71 (1999).

인류 진화의 연대표

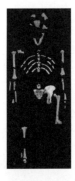

약 300~350만 년 전
오스트랄로피테쿠스
아파렌시스 '루시'

약 250~300만 년 전
오스트랄로피테쿠스
아프리카누스
'타웅 아이'

약 400만 년 전
오스트랄로피테쿠스

약 400만 년 전
땅에서의 직립 보행

약 200만 년 전
호모 에렉투스

약 200만 년 전
돌로 만든 도구 제작

약 200만 년 전
육식으로의 식성 변화

약 200만 년 전
큰 머리를 가진 신생아

약 20만 년 ~ 15만 년 전
**현생 인류,
호모 사피엔스**

약 20만 년 전
네안데르탈인

약 10만 년 전
**현재 두뇌 크기와
비슷해짐**

약 100만 년 ~ 2만 년 전
**인도네시아 플로레스 섬의
난쟁이 인류 호빗**

약 7만 년 전
**알타이 지역
데니소바 동굴의
데니소바인**

)만 년 전
시아 자바 섬의 자바인

약 50만 년 전
**동아시아 대륙의
베이징인**

약 3만 년 전
노년의 삶 보편화

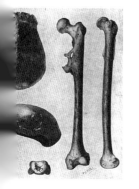

약 1만 년 전
농경 시작

1만 년 전 이후
**성인에서 우유를
소화시키는
능력 등장**

약 5000년 전
**흰 피부
돌연변이 등장**

찾아보기

사진 저작권

16~17쪽   이상희
ⓒ이희중

35쪽   1891년 인도네시아 자바 섬에서 발견된 '자바인', 호모 에렉투스의 화석 그림
ⓔ

61쪽   600만~700만 년 전에 살았던 것으로 추정되는 사헬란트로푸스 차덴시스의 두개골 화석
ⓒ①ⓞ Didier Descouens

82~83쪽   호모 에렉투스가 사냥 및 사냥한 고기를 다듬는 데 사용한 아슐리안 주먹도끼
ⓒ①ⓞ Didier Descouens

103쪽   약 330만 년 전에 살았던 오스트랄로피테쿠스 아파렌시스 '루시'의 뼈 화석
ⓒ① 120

116~117쪽   리키 부부가 호모 하빌리스의 손뼈를 발굴한 아프리카 탄자니아의 올두바이
ⓒ① Noel Feans

137쪽   호모 하빌리스가 뼈 깨는 데 사용했을 것으로 추정되는 올도완 석기

ⓒⓕⓞ Didier Descouens

149쪽   오스트랄로피테쿠스 아프리카누스의 두개골 화석

ⓒⓕⓞ JoséBraga;Didier Descouens

163쪽   200여만 년 전 아프리카에서 살았던 것으로 추정되는 오스트랄로피테쿠스 세디바의 손과 아래팔뼈 화석

ⓒⓕⓞ Profberger

184~185쪽   1920년대 남아프리카에서 발견된 '타웅 아이', 오스트랄로피테쿠스 아프리카누스의 두개골 화석

ⓒⓕⓞ Didier Descouens

219쪽   네안데르탈인이 제작해 사용했던 것으로 추정되는 무스테리안 석기

ⓒⓕⓞ Didier Descouens

241쪽   탄자니아의 라에톨리 유적에서 발견된 오스트랄로피테쿠스 아파렌시스 발자국 화석

ⓒⓕⓞ Momotarou2012

253쪽   남아프리카에서 발굴된 오스트랄로피테쿠스 로부스투스 두개골 화석

ⓒⓕⓞ JoséBraga;Didier Descouens

265쪽   오스트랄로피테쿠스 세디바의 유소년 두개골 화석

ⓒⓕⓞ Tim Evanson

276~277쪽   난쟁이 인류 '호빗', 호모 플로레시엔시스가 발굴된 인도네시아 플로레스 섬의 동굴

ⓒⓕⓞ Rosino

282~283쪽   이상희

ⓒ이희중

288~289쪽   윤신영

ⓒ안경숙

인류의 기원

1판 1쇄 펴냄 2015년 9월 18일
1판 20쇄 펴냄 2023년 11월 30일

지은이 이상희·윤신영
펴낸이 박상준
펴낸곳 (주)사이언스북스

출판등록 1997. 3. 24.(제16-1444호)
(06027) 서울특별시 강남구 도산대로1길 62
대표전화 515-2000, 팩시밀리 515-2007
편집부 517-4263, 팩시밀리 514-2329
www.sciencebooks.co.kr

ⓒ 이상희·윤신영, 2015. Printed in Seoul, Korea.

ISBN 978-89-8371-754-2 03470